D1922559

MIX
Papier aus verantwortungsvollen Quellen
Paper from responsible sources
FSC® C105338

Martin Kost

Warum Social Media für Unternehmen?

Nutzenanalyse bei den Social Media-Aktivitäten von sechs Schweizer Großunternehmen

Diplomica Verlag GmbH

Kost, Martin: Warum Social Media für Unternehmen? Nutzenanalyse bei den Social Media-Aktivitäten von sechs Schweizer Großunternehmen.
Hamburg, Diplomica Verlag GmbH 2013

Buch-ISBN: 978-3-8428-9941-4
PDF-eBook-ISBN: 978-3-8428-4941-9
Druck/Herstellung: Diplomica® Verlag GmbH, Hamburg, 2013

Bibliografische Information der Deutschen Nationalbibliothek:
Die Deutsche Nationalbibliothek verzeichnet diese Publikation in der Deutschen Nationalbibliografie; detaillierte bibliografische Daten sind im Internet über http://dnb.d-nb.de abrufbar.

Das Werk einschließlich aller seiner Teile ist urheberrechtlich geschützt. Jede Verwertung außerhalb der Grenzen des Urheberrechtsgesetzes ist ohne Zustimmung des Verlages unzulässig und strafbar. Dies gilt insbesondere für Vervielfältigungen, Übersetzungen, Mikroverfilmungen und die Einspeicherung und Bearbeitung in elektronischen Systemen.

Die Wiedergabe von Gebrauchsnamen, Handelsnamen, Warenbezeichnungen usw. in diesem Werk berechtigt auch ohne besondere Kennzeichnung nicht zu der Annahme, dass solche Namen im Sinne der Warenzeichen- und Markenschutz-Gesetzgebung als frei zu betrachten wären und daher von jedermann benutzt werden dürften.

Die Informationen in diesem Werk wurden mit Sorgfalt erarbeitet. Dennoch können Fehler nicht vollständig ausgeschlossen werden und die Diplomica Verlag GmbH, die Autoren oder Übersetzer übernehmen keine juristische Verantwortung oder irgendeine Haftung für evtl. verbliebene fehlerhafte Angaben und deren Folgen.

Alle Rechte vorbehalten

© Diplomica Verlag GmbH
Hermannstal 119k, 22119 Hamburg
http://www.diplomica-verlag.de, Hamburg 2013
Printed in Germany

Management Summary

Viele Unternehmen fragen sich, was ihnen ihre Social Media-Investitionen an Nutzen bringen. Oft wissen sie nicht, wie sie diesen Nutzen messen können. In dieser Studie werden bei sechs Schweizer Grossunternehmen wissenschaftlich basierte Nutzen-Evaluationen durchgeführt. Die Resultate zeigen, dass Unternehmen mit Social Media sehr hohe Reichweiten und viel Kundennähe erzielen, wenn sie Social Media dialogorientiert betreiben. Dabei generiert Facebook mit Abstand am meisten Nutzen. Einige Unternehmen setzten Social Media im Bereich Support erfolgreich ein. Als Innovationsquelle wird Social Media weniger genutzt. Nicht befriedigend gemessen werden konnte der Einfluss von Social Media auf die Verkaufszahlen.

Je strategischer die Unternehmen vorgehen, desto bessere Resultate erreichen sie. Einen noch stärkeren Zusammenhang konnte zwischen der Professionalität des Social Media-Reportings und dem Erfolg festgestellt werden. Unternehmen, die am professionellsten reporten, erzielen die besten Resultate.

Aus den Resultaten werden die folgenden Empfehlungen abgeleitet: Social Media Manager sollten ihre Aktivitäten auf möglichst viele Interaktionen ausrichten, sie generieren den grössten Nutzen. Als Werkzeug empfiehlt sich besonders Facebook. Ein strategisches Vorgehen und speziell ein professionelles Reporting erhöhen die Erfolgschancen erheblich.

Inhaltsverzeichnis

Vorwort

Bei der Gründung seiner Social Media Agentur Standout (www.standout.ch) hat sich der Autor dieser Studie aufúhrlich mit der Befindlichkeit seiner Zielgruppe, den Social Media-Verantwortlichen in Schweizer Unternehmen, auseinandergesetzt. Dabei ist ihm aufgefallen, dass sich diese stark für die Messbarkeit des Nutzens von Social Media interessieren, oft aber keine zufrieden stellenden Antworten finden. Das hat dem Autor den Anstoss für diese Studie gegeben.

Der Autor bedankt sich an dieser Stelle herzlich bei allen, die ihn bei der Arbeit zu diesem Fachbuch unterstützt haben. Besonderer Dank geht an die Social Media-Verantwortlichen bei Denner, Mammut, upc cablecom, Clariant und Toyota Schweiz, die den zusätzlichen Aufwand für ihre Teilnahme auf sich genommen haben. Zudem bedankt sich der Autor beim Social Media Strategisten Mike Schwede, der diese Studie ebenfalls massgeblich unterstütz hat.

Glossar

Brand Awareness, Exposure und Reach

Brand Awareness wird in dieser Studie als Bewusstsein für eine Marke verwendet und hängt direkt mit Exposition und Reach zusammen. Jedes Mal, wenn eine Person eine Applikation nutzt, die von einem Unternehmen zur Verfügung gestellt wird, gewinnt das Unternehmen oder der Brand an Aufmerksamkeit Brand. Dies geschieht oft in einem sehr relevanten Kontext. Diese Awareness durch Exponierung erhöht und verstärkt die Assoziationen mit dem Brand in den Köpfen der Kunden. [1]

Reach steht für die Reichweite der Konversationen im Social Web gemeint. Owyang berechnet den Reach, indem er „Total People Participating“[2] durch „Total Audience Exposure“[3] rechnet, er berücksichtigt also nur die teilnehmenden User. In dieser Studie wird Reach synonym für Exposure verwendet und definiert als Anzahl der total erreichten Personen, die Inhalte gesehen haben, Konversationen im Social Web . Owyang berechnet den Reach, indem er „Total People Participating“[4] durch „Total Audience Exposure“[5] rechnet, er berücksichtigt also nur die teilnehmenden User. In dieser Studie wird Reach synonym für Exposure auch wenn sie nicht aktiv an den Konversationen teilnehmen. Für Bartholomew ist Exposure die Platzierung von Content und Botschaften.[6]

Brand Experience

Owyang versteht unter Brand Experience alle Effekte, die durch das Erleben von Ästhetik, Engagement und Wörtern im Zusammenhang mit einem Brand entstanden sind.[7]

Engagement

Solis definiert Engagement als die Schritte bei der Teilnahme an einer Onlinekonversation durch direkte Interaktion oder eine Reaktion durch direkte oder indirekte Texte in oder um die Inhaltsquelle des Veröffentlichers.[8] Owyang berechnet die Höhe des Brand Engagements des Publikums, indem er Kommentare, Shares und Tackbacks zusammenzählt und diese Zahl dann durch die Anzahl der Per-

---

[1] Vgl. Hoffman Donna / Fodor Marek 2010, S. 46.
[4] Ebd.
com/2009/07/29/public-relations-measurement-2010-five-things-to-forget-five-things-to-learn, 23.02.2012.
gl. Hoffman Donna / Fodor Marek 2010, S. 46.
Ebd.
[6] Vgl. Bartholomew Don 2009, Public Relations Measurement 2010: Five Things to Forget & Five Things to Learn, in: http://metricsman.wordpress.com/2009/07/29/public-relations-measurement-2010-five-things-to-forget-five-things-to-learn, 23.02.2012.
[7] Vgl. Owyang Jeremiah / Lovett John 2012, Altimeter Report: Social Marketing Analytics, in: http://www.slideshare.net/jeremiah_owyang/altimeter-report-social-marketing-analytics?from=embed, 29.02.2012.
[8] Vgl. Solis Brian 2011, S. 302.

sonen teilt, die einen Beitrag gesehen haben.[9] Kampagnen, die hohes Engagement hervorrufen, führen dazu, dass Commitment zur Marke steigt, sie verstärken die Brand Loyalität und erhöhen bei den Kunden die Bereitschaft, sich in Zukunft erneut für den Brand einzusetzen.[10]

Influence

Owyang versteht unter Influence die Beeinflussung von Communities und deren Verhalten.[11] Auf für Bartholomew definiert sich Influence darüber, inwiefern die Platzierung und das Engagement die Wahrnehmung und Einstellung beeinflussen konnten.[12] In dieser Studie wird Influence auch für die Beeinflussung einer Branche oder eines Marktsegments über den Share of Voice verwendet.

Return on Investment (ROI)

Blanchard beschreibt den ROI von Social Media als Geldbetrag oder als ein Verhältnis aus zwei Geldbeträgen. Er zieht den Investitionsaufwand vom Investitionsertrag ab und dividiert diese Zahl dann durch den Investitionsaufwand. Alternativ kann man nach Blanchard den Investitionsaufwand vom Investitionsertrag abziehen, dann erhält man den ROI als Geldbetrag.[13] ROI muss nicht zwingend eine Erhöhung des Einkommens sein, ROI kann auch durch Kosteneinsparungen oder höhere Effizienz zu Stande kommen. Kennzahlen wie Reach, Followers oder Klicks sind nicht ROI.

Social Marketing Analytics

Owyang definiert Social Marketing Analytics als Disziplin, die Unternehmen hilft, die Leistung von Social Media-Initiativen im Kontext von spezifischen Unternehmenszielen zu messen, zu bewerten und zu erklären.[14]

Word of Mouth

Zufriedene und loyale Kunden kommunizieren ihre positive Einstellung gegenüber dem Brand an weitere potenzielle Kunden. Unzufriedene Kunden können auch ihre negative Einstellung gegenüber

---

[9] Vgl. Owyang Jeremiah / Lovett John 2012, Altimeter Report: Social Marketing Analytics, in: http://www.slideshare.net/jeremiah_owyang/altimeter-report-social-marketing-analytics?from=embed, 29.02.2012.

[10] Vgl. Hoffman Donna / Fodor Marek 2010, S. 46.

[11] Vgl. Owyang Jeremiah / Lovett John 2012, Altimeter Report: Social Marketing Analytics, in: http://www.slideshare.net/jeremiah_owyang/altimeter-report-social-marketing-analytics?from=embed, 29.02.2012.

[12] Vgl. Bartholomew Don 2009, Public Relations Measurement 2010: Five Things to Forget & Five Things to Learn, in: http://metricsman.wordpress.com/2009/07/29/public-relations-measurement-2010-five-things-to-forget-five-things-to-learn, 23.02.2012.

[13] Vgl. Blanchard Oliver 2012, S. 274.

[14] Vgl. Owyang & Lovett 2012, Altimeter Report: Social Marketing Analytics, in: http://www.slideshare.net/jeremiah_owyang/altimeter-report-social-marketing-analytics?from=embed, 29.02.2012

dem Brand oder des Unternehmens teilen.[15] Gemäss Solis ist Word of Mouth das Phänomen, das auftritt, wenn Menschen aktiv Inhalte, Medien oder Informationen im Web teilen. Wenn dieser Content auf Resonanz stösst, wird er viral. Word of Mouth Marketing ist darauf ausgerichtet, Produkte oder Inhalte durch Engagement und Bewerbung durch User zu vermarkten.[16]

---

[15] Vgl. Owyang & Lovett 2012, Altimeter Report: Social Marketing Analytics, in: http://www.slideshare.net/jeremiah_owyang/altimeter-report-social-marketing-analytics?from=embed, 29.02.2012

[16] Vgl. Solis Brian 2011, S. 306.

1 Ausgangslage/Situations-/Problemanalyse

1.1 Ausgangslage und aktuelle Situation

Immer mehr Schweizer Grossunternehmen engagieren sich aktiv in Social Media. Dies zeigen die Social Meedia-Studie Schweiz 2011 von Bernet_PR/Kuntert und die Folgestudie Schweizer Grossunternehmen im Social Web 2012 von Kunert/Hutter/HWZ. Im Jahr 2011 engagierten sich 62 % der Grossunternehmen im Social Web[17], im Jahr 2012 waren es bereits über 90 %.[18]

1.1.1 Ziele von Schweizer Unternehmen auf Social Media

Social Media hat sich also in den letzten Jahren als Bestandteil der Unternehmenskommunikation und des Marketings etabliert. Die grosse Verbreitung zeigt, dass sich die Unternehmen von Social Media einen Nutzen erhoffen. Konkret wollen die meisten Schweizer Grossunternehmen mit Social Media ihr Image und ihre Reputation aufbauen. Dieses Ziel hat im Vergleich zum Vorjahr stark an Bedeutung zugenommen. Im Jahr 2011 verfolgten es nur 52 % der Unternehmen, im Jahr 2012 sind es bereits 87 %. Das zweitwichtigste Ziel ist Employer Branding, es wird von 74 % der Unternehmen angestrebt. Auch dieses Ziel hat mit einem Anstieg von 15 % stark an Bedeutsamkeit dazugewonnen. An dritter Stelle folgt der Zieldialog mit Zielgruppen. Dieses Ziel wird von 68 % der Unternehmen angestrebt und war im Vorjahr mit 64 % noch das meistgenannte Ziel. Erst an vierter Stelle folgt die Pflege der Beziehung zu den Kunden mit 62 %.[19]

Die Pflege der Kundenbeziehung ist nach Ansicht des Autors vom Dialog mit Zielgruppen nicht ganz klar abgrenzbar, da Kunden auch Zielgruppen sein können und die Beziehungspflege desgleichen über den Dialog betrieben wird.

Weitere wichtige Social Media-Ziele von Grossunternehmen bestehen darin, Vertrauen in das Unternehmen zu schaffen und die Beziehungen zur Öffentlichkeit zu pflegen; das erstgenannte Ziel wird von 60% der Unternehmen angestrebt, das zweitgenannte immerhin noch von 51%. Unter 50 % liegen die Ziele, Krisen frühzeitig zu erkennen, den Trend zu Social Media nicht zu verschlafen, Beziehungen zu Journalisten zu pflegen, Absatzförderung und Produktinformation sowie die öffentliche Meinung zu beeinflussen.[20]

1.1.2 Social Media-Kanäle

Ihre Social Media-Ziele streben die Unternehmen auf unterschiedlichen Kanälen an. Mit 68 % wird Facebook von den meisten Unternehmen eingesetzt. Nur 2 % weniger Unternehmen geben an, auch auf YouTube aktiv zu sein. Etwas grösser wird der Abstand zu Twitter, diesen Kanal nutzen noch 53 %. 40 % der Unternehmen geben an, ihren Eintrag auf Wikipedia aktiv zu pflegen. Die beiden Business Networks Xing und LinkedIn werden von 34 % der Unternehmen eingesetzt. Corporate Blogs setzen nur noch 25 % ein, Flickr 17 % und Slidehare 13 %. Gegenüber dem Vorjahr hat YouTube mit zusätzli-

---

[17] Vgl. Bernet_PR / Kunert 2011, Social Media Studie Schweiz, in: http://www.scribd.com/doc/50559082/Social-Media-Studie-Schweiz-BernetPR-Kunert?secret_password=dtu22rrfemfh40chmot, 17.04.201.

[18] Vgl. Kunert Barbara / Hutter Thomas / HWZ 2012, Folgestudie Schweizer Grossunternehmen im Social Web 2012, in: http://www.scribd.com/doc/81060207/Folgestudie-Schweizer-Grossunternehmen-Im-Social-Web-2012-Kunert-Hutter-Consult-HWZ, 19.04.2012.

[19] Vgl. ebd.

[20] Vgl. ebd.

chen 38 % am stärksten zugelegt. Auch Twitter wurde mit einer Steigerung von 28 % auf 53 % fast von doppelt so vielen Unternehmen eingesetzt. Facebook konnte sich von 45 % auf 68 % gleichsam deutlich steigern, hat aber viel Vorsprung auf YouTube und Twitter eingebüsst.[21]

1.1.3 Strategisches Vorgehen

Die Unternehmen haben die Notwendigkeit einer Social Media-Strategie erkannt. Im Jahr 2011 haben noch lediglich 22 % der Unternehmen angegeben, eine entsprechende Strategie erarbeitet zu haben. Im Jahr 2012 hat sich die Anzahl mit 51 % mehr als verdoppelt Zusätzliche 41 % geben an, innerhalb der nächsten 12 Monate eine Strategie erarbeiten zu wollen.[22]

1.1.4 Reporting bei Schweizer Grossunternehmen

Im Jahr 2012 arbeiten 62 % der Schweizer Grossunternehmen mit einer Social Media-Strategie. Diese Zahl hat sich gegenüber dem Vorjahr mehr als verdoppelt, im Jahr 2011 lag sie noch bei 30 %. 23 % der Unternehmen gaben an, in naher Zukunft eine Erfolgskontrolle einführen zu wollen. Die Zahl der Unternehmen, die keine Evaluation beabsichtigen, ist um mehr als zwei Drittel auf 8 % geschrumpft.[23]

In den Reportings erfassen 60 % der Unternehemen die Anzahl Fans, Followers und Likers. Oft erfasste werden auch die Anzahl Kommentare (49 %) und die Anzahl der Klicks (45 %). Immerhin 42 % der Unternehmen werten die Qualität der Kommentare aus und 8 % geben an, auch den Einfluss auf den Geschäftserfolg zu erfassen.[24]

1.1.5 Nutzen im Verhältnis zum Aufwand

Interessant ist, dass nur gerade 25 % der Schweizer Grossunternehmen den Nutzen der Social Media-Aktivitäten als höher einschätzen als den Aufwand, den sie dafür betreiben müssen. 26 % schätzen das Verhältnis zwischen Aufwand und Nutzen als ausgeglichen ein und gleich viele Unternehmen schätzen den Nutzen sogar geringer ein. 23 % geben an, dass sie dieses Verhältnis nicht zu beurteilen vermögen.[25]

---

[21] Vgl. Kunert Barbara / Hutter Thomas / HWZ 2012, Folgestudie Schweizer Grossunternehmen im Social Web 2012, in: http://www.scribd.com/doc/81060207/Folgestudie-Schweizer-Grossunternehmen-Im-Social-Web-2012-Kunert-Hutter-Consult-HWZ, 19.04.2012.

[22] Vgl. ebd.

[23] Vgl. ebd.

[24] Vgl. ebd.

[25] Vgl. ebd.

1.2 Problemanalyse

1.2.1 Subjektives Nutzenempfinden

Erstaunlich ist, dass auch die Unternehmen, die weniger Nutzen als Aufwand sehen, offensichtlich keinen Ausstieg aus Social Media planen.[26] Dieser Schritt wäre nur konsequent und eigentlich von Kommunikations- und Marketingmanagern zu erwarten, wenn sie sich über Kosten und Nutzen im Klaren sind. Dies scheint nicht immer der Fall zu sein. Die Vermutung liegt nahe, dass die Verantwortlichen nicht genaut wissen, welchen Nutzen ihnen Social Meida bringt.

Nur 8 % Prozent der Unternehmen geben an, den Einfluss auf den Geschäftserfolg zu evaluieren[27]. Es ist anzunehmen, dass dieser Einfluss von grossem Interesse ist, da für Socia Media auch Ressourcen bereitgestellt werden müssen. Dass der Einfluss auf den Erfolg trotzdem nur von so wenigen Unternehmen gemessen wird, liegt nach Einschätzung des Autors dieser Studie daran, dass die Unternehmen nicht wissen, wie sie ihn messen sollen. Interessant in diesem Zusammenhang ist, dass trotzdem 77 % Prozent der Unternehmen eine Aussage über das Verhältnis zwischen Nutzen und Aufwand machen.[28] Wenn man den Nutzen mit einer posititven Beeinflussung des Geschäftserfolges gleichsetzt, dann sind diese Aussagen widersprüchlich oder die Einschätzung des Nutzens für die Unternehmen beruht sich auf einer rein subjektiven Einschätzung des Managers, der den Fragebogen aufgefüllt hat.

Aus dieser Analyse zieht der Autor dieser Studie den Schluss, dass die Frage nach dem Nutzen von Social Media noch nicht ausreichend geklärt ist.

1.2.2 Die Frage nach dem Warum

Aufgrund der oben beschreibenen Umstände geht der Autor weiterhin davon aus, dass die Frage, warum sich Unternehmen überhaupt in Social Media engagieren sollen, die Unternehmen in der Schweiz durchaus beschäftigt. Diese Vermutung wird durch einen Blick in das Google Keyword Tool bestätigt. Die Suchwortfolge „warum social media" wird monatlich in der Schweiz 22'000-mal eingegeben und gehört damit zu den absoluten Top-Keywords rund um das Thema Social Media, zusammen mit den Wortfolgen „was ist social media" und „about social media".[29]

1.2.3 Die Frage nach dem Wie

Wenn der Nutzen der Social Media-Aktivitäten nicht klar ist, ist es für Unternehmen schwierig, die Ressourcen richtig einzusetzen. Dies bezieht sich nicht nur auf die Frage, ob überhaupt Social Media betrieben werden soll. Unternehmen, die sich für ein Engagement auf Social Media entschieden haben, stehen vor dem Problem, dass sie nicht wissen, mit welchen Massnahmen sie den grössten Nutzen mit möglichst wenig Ressourceneinsatz erreichen. Die Entscheidung, auf welchen Kanälen das Unternehmen seine individuellen Ziele in Angriff nimmt, muss auf Grundlage subjektiver Einschätzungen getroffen werden.

---

[26] Vgl. Kunert Barbara / Hutter Thomas / HWZ 2012, Folgestudie Schweizer Grossunternehmen im Social Web 2012, in: http://www.scribd.com/doc/81060207/Folgestudie-Schweizer-Grossunternehmen-Im-Social-Web-2012-Kunert-Hutter-Consult-HWZ, 19.04.2012.

[27] Vgl. ebd.

[28] Vgl. ebd.

[29] Google AdWords Keyword Tool: https://adwords.google.com, 19.04.2012

Offen ist auch die Frage, inwiefern sich die höheren Aufwände für ein konsequent strategisches Vorgehen lohnen. In der Folgestudie Schweizer Grossunternehemen im Social Web 2012 steht dazu: „Es ist einfach und schnell möglich, Präsenzen im Social Web einzurichten, und in einer ‚Trial and Error'-Phase erste Erfolge zu erziehen. Jedoch muss über kurz oder lang eine Social Media Strategie erarbeitet und in die gesamtheitliche Strategie der Unternehmenskommunikation eingebunden werden. Nur so ist es möglich, gezielt vorzugehen, die relevanten Zielgruppen anszusprechen, Erfolge zu messen und gegebenenfalls die Vorgehensweise zu korrigieren."[30] Das Zitat enthält zwar eine Begründung für ein strategisches Vorgehen, der konkrete Einfluss auf das Ergebniss wird aber nicht emprirsch belegt.

Auch für ein regelmässiges Reporting über die Social Media-Aktivitäten und die Zielerreichung müssen Unternehmen erhebliche Ressourcen aufwenden. Die oben erwähnte Studie hält dazu fest: „Eine professionelle Erfolgskontrolle der Social Media Aktivitäten ist unerlässlich. Nur so lässt sich der Return on Investment feststellen: Wurde das Budget sinnvoll eingesetzt, die strategischen Ziele erreicht oder müssen die Massnahmen angepasst werden?"[31] Auch das ist eine sinnvoll begründete Aussage, die aber empirisch nicht untersucht wurde.

---

[30] Kunert Barbara / Hutter Thomas / HWZ 2012, Folgestudie Schweizer Grossunternehmen im Social Web 2012, in: http://www.scribd.com/doc/81060207/Folgestudie-Schweizer-Grossunternehmen-Im-Social-Web-2012-Kunert-Hutter-Consult-HWZ, 19.04.2012.

[31] Ebd.

2 Zielsetzungen, inhaltliche Abgrenzung

2.1 Ziele dieser Studie

Ziel dieser Studie ist es, eine Aussage über den Nutzen von Social Media für die externe Kommunikation von Unternehmen treffen zu können. Der Autor will die in der Problemanalyse beschriebenen Unklarheiten genauer untersuchen und Lösungsansätze aufzeigen.

2.1.1 Messbaren Nutzen aufzeigen

Anhand eines Reportings soll für jedes untersuchte Unternehmen aufgezeigt werden worin der Nutzen ihrer Social Media-Aktivitäten besteht und wie er gemessen werden kann. Die individuellen Ziele der Unternehmen und deren Strategie werden dabei nicht berücksichtigt. Diese Auswertung soll den Unternehmen zeigen, was sie bisher erreicht haben und wie sie im Vergleich zu anderen grossen Unternehmen in der Schweiz abschneiden.[32]

2.1.2 Zielerreichung

Der Nutzen, den Social Media-Aktivitäten den Unternehmen bringt, ist individuell und hängt stark von den Zielen ab, die Unternehmen damit verfolgen. Deshalb interessiert auch die Zielerreichung der Unternehmen. Die Studie soll eine Aussage darüber machen, inwiefern die untersuchten Unternehmen durch Social Media ihren selbst gesteckten Zielen näherkommen. Auch hier soll ein Vergleich zwischen den Unternehmen angestellt werden, die vergleichbare Ziele anstreben.[33]

2.1.3 Individuelles Potenzial der Portale

Anhand der Reportings soll geklärt werden, mit welchen Portalen welche Ziele besonders gut erreicht werden konnten und welche Portale sich für welche Ziele weniger eignen. Dazu soll ein Vergleich unter den Portalen angestellt werden, der Aufschluss zu dieser Fragestellung geben kann. Es soll zum Beispiel verglichen werden, auf welchem Portal die Unternehmen mehr Impressions erreichen und auf welchem Kanal mehr Kundenanfragen beantwortet werden konnten.[34]

2.1.4 Einfluss strategisches Vorgehen

Es soll durchleuchtet werden, ob Unternehmen, die strategisch vorgehen, mehr Nutzen erzielen als Unternehmen, die auf eine Strategie verzichten. Diese Untersuchung soll sich nicht bloss darauf beschränken, ob ein Unternehmen eine schriftliche Strategie formuliert hat oder nicht. Es soll berücksichtigt werden, welche strategischen Schritte ein Unternehmen in der Planung durchgeführt hat und bei der Umsetzung berücksichtigt. Durch einen Vergleich des gemessenen Nutzens im Verhältnis zum Grad des strategischen Vorgehens soll eine Aussage über den Einfluss der Strategie auf den Erfolg getroffen werden.[35]

---

[32] Siehe Kap. 5.1

[33] Siehe Kap. 5.2

[34] Siehe Kap. 5.3

[35] Siehe Kap. 5.4

2.1.5 Einfluss Reporting

Es soll untersucht werden, ob Unternehmen, die regelmässig und professionell reporten, einen höheren Nutzen aus den Social Media-Aktivitäten erzielen. Wie beim strategischen Vorgehen beschränkt sich auch beim Reporting die Untersuchung nicht darauf, ob ein Reporting gemacht wird oder nicht. Es soll detailliert untersucht werden, wie professionell und zielführend reportet wird. Diese Reporting-Vollständigkeit soll dann mit dem gemessenen Nutzen verglichen werden, um eine Aussage über den Einfluss der Social Media-Aktivitäten auf den Erfolg zu erhalten.[36]

2.2 Inhaltliche Abgrenzung

2.2.1 Einschränkung Portale

Damit die Resultate einfacher miteinander verglichen werden können und aus Gründen der Machbarkeit beschränkt sich diese Studie auf vier der wichtigsten Social Media-Portale.[37] Berücksichtigt wird das weltweit grösste Social-Media Portal Facebook, das wichtigste Micro Blog-Portal Twitter, das Video-Portal YouTube und alle Unternehmens-Blogs oder alternativ auch vom Unternehmen moderierte Foren.

2.2.2 Nur externe Kommunikation

In dieser Studie nicht berücksichtigt werden interne Effekte von Social Media-Massnahmen in den Unternehmen wie z.B. effizienteres Arbeiten durch interne Communities oder Wissensmanagement mit Social Media. Diese können durchaus grossen Nutzen für Unternehmen bringen, sind aber sehr schwierig zu messen. Die Evaluation dieser Nutzen in der internen Kommunikation benötigt zudem sehr tiefe Einblicke in die Unternehmen und sehr viel internes Knowhow. Deshalb wird im Rahmen dieser Studie auf eine solche Evaluation verzichtet.

2.2.3 Kein Return on Investment

Im Zusammenhang mit dem Nutzen von Social Media taucht immer wieder die Fragen nach dem Return on Invenstment (ROI) auf. Besonders in Budgetdiskussionen wäre es für Manager sehr hilfreich, den ROI von Social Media zu kennen. Es gibt durchaus Methoden, um den ROI von bestimmten Social Media-Kampagnen oder Massnahmen zu messen. Den gesamten Nutzen von Social Media in mehreren Schweizer Grossunternehmen in einem finanziellen ROI ausrücken zu wollen, ist jedoch kaum möglich, da viele Nutzen nicht finanzieller Natur sind. Zudem wäre für eine ROI-Berechnung auch eine Erhebung der Auslagen (Investment) notwendig, worauf in dieser Studie verzichtet wird.[38]

2.2.4 Einschränkung Teilnehmer

Um möglichst aussagekräftig und für die Schweiz relevante Resultate zu erhalten, beschränkt sich die Studie auf Schweizer Grossunternehmen. Als Grossunternehmen zählen dabei Unternehmen die

---

[36] Siehe Kap. 5.5

[37] Vgl. Kunert Barbara / Hutter Thomas / HWZ 2012, Folgestudie Schweizer Grossunternehmen im Social Web 2012, in: http://www.scribd.com/doc/81060207/Folgestudie-Schweizer-Grossunternehmen-Im-Social-Web-2012-Kunert-Hutter-Consult-HWZ, 19.04.2012, siehe auch Kap. 4.5.2.

[38] Vgl. Nair Mohan 2011, S. 45, Blanchard Oliver 2012, S. 245-321.

mindestens 250 Vollzeitmitarbeiter beschäftigen. 39 Die Teilnehmer stammen alle aus unterschiedlichen Branchen und arbeiten mit unterschiedlichen Business Cases, die andere Ziele nach sich ziehen.

[39] Vgl. Schweizerische Eidgenossenschaft, Bundesamt für Statistik 2010, Definitionen, in: http://www.bfs.admin.ch/bfs/portal/de/index/themen/16/11/def.html, 20. 04 2012.

3 Methodische Vorgehensweise

In diesem Kapitel wird die Vorgehensweise beschreiben, um die im vorangegangenen Kapitel aufgeführten Ziel dieser Studie zu erreichen.

3.1 Messung des allgemeinen Nutzens

Im ersten Schritt soll bei allen Teilnehmern einheitlich erfasst werden, welche der allgemeinen Ziele von Social Media sie in welchem Umfang erreichen.[40] Dies geschieht ohne Berücksichtigung der individuellen Ziele der Unternehmen. Es soll ein Reporting erstellt werden, das auf alle wesentlichen Teilbereiche von Social Media eingeht und diese mit angemessenen Kennzahlen misst. Die Zahlen werden bei allen Unternehmen analog erfasst, damit sie untereinander vergleichbar bleiben.

3.1.1 Untersuchungszeitraum

Als Untersuchungszeitraum wurde die Zeitspanne vom ersten bis 29. Februar 2012 definiert.

3.1.2 Wahl der Methode

Im theoretischen Teil dieser Studie werden unterschiedliche wissenschaftliche Modelle diskutiert.[41] Dabei zeigt sich, dass sich der Nutzen von Social Media in der Praxis gut mithilfe von Scorecards evaluieren lässt. Ein Beispiel dafür ist die Social Media Scorecard von Hoffman und Fodor[42]. Allerdings ist diese Scorecard nicht auf die praktische Anwendung ausgerichtet. Hoffman und Fodor haben aus theoretischer Perspektive beschrieben, was alles messbar wäre. Für die praktische Umsetzung benötigte dieses Modell viele Kennzahlen, die im Rahmen dieser Studie kaum erhoben werden könnten (zu wenig Einblick in die Unternehmen). Zudem beschränkt die Studie sich ausschliesslich auf die Ziele Awareness, Engagement und Word of Mouth. Wichtige Nutzen von Social Media wie z.B. der ganze Support-Bereich, aber auch Sales-Ziele werden nicht berücksichtigt. Die anderen Methoden beschreiben lediglich die Messgrössen, aber nicht, anhand welcher Kennzahlen diese Messgrössen ermittelt werden können. Diese Brücke schliesst Owyang / Lovett.[43]

Eine praktische Methode, die in vielen Punkten den Grundsätzen der wissenschaftlichen Modelle entspricht und die Berechnung der Kennzahlen bereits ähnlich wie Owyang / Louvett enthält, ist die Social Media Scorecard von Mike Schwede, beschrieben in einem Blogeintrag unter dem Titel Social Media Analytics.[44] Diese Methode eignet sich für diese Studie besonders gut, weil sie praktisch einfach umsetzbar ist und die im theoretischen Teil beschreibenen Besonderheiten von Socia Media Analytics[45] berücksichtigt. Sie ist konkreter als die Scorecard von Hoffmann und deckt trotzdem einen breiteren Zielbereich ab. Zudem ermöglichen die Resultate dieser Scorecard alle notwendigen

---

[40] Siehe Kap.2.1.1.

[41] Siehe Kap. 4.2.

[42] Vgl. Hoffman Donna / Fodor Marek 2010, S. 44.

[43] Siehe Kap. 4.3.

[44] Schwede Mike 2012, Social Media Analytics: 3. Scorecard, in: http://mike.schwede.ch/2012/01/26/social-media-analytics-3-scorecard, 20. 04 2012.

[45] Siehe Kap.4.2

Schlussfolgerungen und Vergleiche, die für die Aufgabenstellung dieser Studie notwendig sind.[46] Dazu ist besonders die Vergleichbarkeit der Resultate entscheidend.

Das fachlich-solide Fundament und die Übereinstimmung mit den Anforderungen dieser Studie haben zum Entscheid für diese Methode geführt. In Rahmen dieser Studie wird die Methode leicht angepasst und dann mit allen sechs Teilnehmern durchgeführt. Daraus entsteht eine Aussage über den Nutzen, den die Unternehmen mit ihren Social Media-Aktivitäten generieren.[47] Weiter dienen die Resultate als Grundlage für die Untersuchung der weiteren Fragestellungen dieser Studie.[48] Wegen des späteren Vergleichs zwischen den Kanälen werden alle Kennzahlen pro Portal separat erfasst.[49]

Diese Scorecard ist in vier Bereiche aufgeteilt, die den klassischen Unternehmensbereichen entsprechen[50]:

- Marketing & Communications
- Support & Innovation
- Sales
- Orangisation

3.1.3 Nutzenevalutation Marketing & Communications

In diesem Kapitel wird beschrieben, wie in dieser Studie der Nutzen von Social Media im Bereich Marketing und Communictions gemessen wird. Diese geschieht auf Basis der Social Media Scorecard von Mike Schwede.[51]

3.1.3.1 Reach

Unter Reach wird die Reichweite verstanden, die Unternehmen mit den Inhalten erreichen, die sie über Social Meida-Portale verbreiten. Die quantitativen Kennzahlen für dieses Ziel sind:

- No of Audience (Liker, Follower, Subscriber)
- Acitve Reach
- Impressions
- Viral Reach
- Cost per Audience

Hinzu kommen für qualitative Reports die Werte Brand Mention Drivers, Audience Growth Drivers, Best Channel, Campaigns, Demographics.[52]

In dieser Studie werden nur die aus Sicht des Autors wichtigsten quantitativen Kennzahlen verwen-

---

[46] Siehe Kap. 2.1.

[47] Siehe Kap. 5.1.

[48] Siehe Kap. 5.2-5.5.

[49] Siehe Kap. 5.3.

[50] Vgl. Schwede Mike 2012, Social Media Analytics: 3. Scorecard, in: http://mike.schwede.ch/2012/01/26/social-media-analytics-3-scorecard, 20. 04 2012.

[51] Vgl. ebd.

[52] Vgl. ebd.

det. Unter Impressions wird in dieser Studie immer die totale Anzahl Impressionen inklusive der Impressionen durch geteilte Inhalte verstanden. Heruntergebrochen auf die Kanäle Facebook, Twitter, Blog/Forum und YouTube, ergeben sich folgende Kennzahlen, die unter Reach erhoben werden.

Tabelle 1: Kennzahlen Reach

Ziel	Kennzahl	Channel
Reach	Total No. of Likers	Facebook
	Total No. of Followers	Twitter
	Total No. of Subscriber	Blog/Forum
	Total No. of Subscriber	YouTube
	Impressions (incl. virale Reichweite)	Facebook
	Impressions on Twitter (incl. virale Reichweite)	Twitter
	Unic Impressions	Blog/Forum
	Views	YouTube

Quelle: Eigene Aufbereitung in Anlehnung an Schwede Mike 2012

3.1.3.2 Engagement

Unter Engagement geht es darum zu erfassen, inwiefern das Unternehmen die User zur Teilnahme an den Konversationen motivieren konnte. Ein höheres Engagement ist grundsätzlich ein Hinweis auf eine höhere Kundenbindung und führt zu mehr Reach.[53] Zur Messung des Engagements empfiehlt Schwede die folgenden Kennzahlen:

- No of Posts, Tweets
- Feedback Rate

Hinzu kommen die qualitativen Elemente, die in einem Reporting erhoben werden können: Top Strategy Fit, Most Engaging Topics, Channels and Campaigns.[54]

Bei der Messung des Engagements weicht der Autor etwas von den Empfehlungen von Schwede ab. Er misst anstelle der Feed-back Rate nur die Anzahl Feed-backs. Er verzichtet also darauf, die Anzahl Feed-backs durch die Impressionen zu dividieren. Die Feed-back Rate (Feed-backs/Impressions) sagt eher etwas über die Qualität der Aktivitäten aus, für diese Studie interessiert der absolut erreicht Nutzen der Aktivitäten mehr.[55] Für diesen Zweck müssen die Feed-backs addiert werden (mehr Feed-backs = mehr Nutzen). Zudem sind die absoluten Zahlen von den unterschiedlichen Channels besser untereinander vergleichbar, was für die Erhebung des Potentials der einzelnen Kanälen wichtig ist.[56]

[53] Siehe Kap. Glossar.

[54] Vgl. Schwede Mike 2012, Social Media Analytics: 3. Scorecard, in: http://mike.schwede.ch/2012/01/26/social-media-analytics-3-scorecard, 20. 04 2012.

[55] Siehe Kap. 2.1.1.

[56] Siehe Kap. 2.1.3

Weiter vereinfacht und auf die in der Studie definierten Channels auf gesplittet werden für diese Studie die folgenden Kennzahlen unter Engagement berücksichtigt:

Tabelle 2: Kennzahlen Engagement

Ziel	Kennzahl	Channel
Engagement	No. of own Posts	Facebook
	No. of own Tweets	Twitter
	No. of own Comments	Blog/Forum
	No. of own Comments	YouTube
	No. of Faeedbacks Facebook: People talking about	Facebook
	No. of Feedbacks Twitter (Replies + Shares + Faveriseds)	Twitter
	No. of Feedbacks Blog/Forum	Blog/Forum
	No. of Feedbacks YouTube (Comments)	YouTube

Quelle: Eigene Aufbereitung in Anlehnung an Schwede Mike 2012

3.1.3.3 Influence

Bei Influence geht es um die Möglichkeit zur Beeinflussung der Diskussionen über Themen im Zusammenhang mit dem eigenen Brand oder den Produkten. Um die Influence zu messen, empfiehlt Schwede die folgenden quantitativen Kennzahlen:

- Competitor Share of Voice
- Follower Authority Allocation
- No. of Superfans

Dazu kommt auf der qualitativen Seite die Influencer List.[57]

---

[57] Vgl. Schwede Mike 2012, Social Media Analytics: 3. Scorecard, in: http://mike.schwede.ch/2012/01/26/social-media-analytics-3-scorecard, 20. 04 2012.

Vereinfacht und für die in der Studie definierten Channels werden die folgenden Kennzahlen unter Influence berücksichtigt, wobei der Fokus auf den Vergleich mit den Mitbewerbern gelegt wird:

Tabelle 3: Kennzahlen Influence

Ziel	Kennzahl	Channel
Influence	Competitor Share of Voice (talking about)	Facebook
	Competitor Share of Voice	Twitter
	Competitor Share of Voice	Blog/Forum
	Competitor Share of Voice (Views pro Channel)	YouTube

Quelle: Eigene Aufbereitung in Anlehnung an Schwede Mike 2012

3.1.3.4 Position

Bei Position wird die Einstellung gegenüber einem Produkt oder dem Brand gemessen. Dazu empfiehlt Schwede, die folgenden quantitativen Messgrössen zu erfassen:

- Overall Sentiment
- Topic SoV
- Position Gab per Topic

Im qualitativen Report befürwortet Schwede, einen Buzzgraph oder eine Word Cloud und die Key Conversations zu erfassen.

Vereinfacht und im Hinblick auf die in der Studie definierten Channels werden für diese Studie die folgenden Kennzahlen unter Position berücksichtigt:

Tabelle 4: Kennzahlen Position

Ziel	Kennzahl	Channel
Position	Anteil an positiven + neutralen Meldungen	Facebook
	Anteil an positiven + neutralen Meldungen	Twitter
	Anteil an positiven + neutralen Meldungen	Blog/Forum
	Anteil an positiven + neutralen Meldungen	YouTube

Quelle: Eigene Aufbereitung in Anlehnung an Schwede Mike 2012

3.1.3.5 Protection

Bei Protection geht es darum, mögliche Krisen und Issues in einem möglichst frühen Stadium zu erkennen, um Zeit für die Vorbereitung und vorbeugende Massnahmen zu gewinnen. Um Protection zu messen, können die folgenden quantitativen Messgrössen benutzt werden:

- Number of Issues
- Velocity / Crisis Lenght
- Reaction Time
- Sentiment Change / Solved

Auf der qualitativen Seite kommt der Share of Crisis per Level dazu.[58]

Vereinfacht und auf die in der Studie definierten Channels werden für diese Studie die folgenden Kennzahlen unter „Protection“ berücksichtigt:

Tabelle 5: Kennzahlen Protection

Ziel	**Kennzahl**	**Channel**
Protection	Nummer of Issues / solved Issues	Facebook
	Nummer of Issues / solved Issues	Twitter
	Nummer of Issues / solved Issues	Blog/Forum
	Nummer of Issues / solved Issues	YouTube

Quelle: Eigene Aufbereitung in Anlehnung an Schwede Mike 2012

3.1.4 Sales

Einige Unternehmen verfolgen mit Social Media konkrete Sales-Ziele. In diesem Kapitel wird beschrieben, wie in Anlehnung an die Social Media Scorecard von Schwede dieser Nutzen in dieser Studie gemessen wird.[59]

3.1.4.1 Visitors

Mit Visitors sind die Besucher gemeint, die durch Social Media auf die Website des Unternehmens oder an einen Point of Sales (POS) gelangen. Eine höhere Anzahl Besucher führt bei konstanter Conversion Rate zu mehr Verkäufen. Die Visitors können folgendermassen quantitativ gemessen werden:

- Website Visits
- POS Visits
- Averange Time on Site

Im qualitativen Report können die Website Visits pro Visitors und die POS Visits pro Visitors erfasst werden.[60]

[58] Vgl. Schwede Mike 2012, Social Media Analytics: 3. Scorecard, in: http://mike.schwede.ch/2012/01/26/social-media-analytics-3-scorecard, 20. 04 2012.

[59] Vgl. ebd.

Vereinfacht und auf die in der Studie definierten Channesl aufgeteilt, werden für diese Studie die folgenden Kennzahlen unter „Visitors" berücksichtigt:

Tabelle 6: Kennzahlen Visitors

Ziel	Kennzahl	Channel
Visitors	Traffic to Website throught this Channel	Facebook
	Traffic to Website throught this Channel	Twitter
	Traffic to Website throught this Channel	Blog/Forum
	Traffic to Website throught this Channel	YouTube

Quelle: Eigene Aufbereitung in Anlehnung an Schwede Mike 2012

3.1.4.2 Leads

Leads sind Personen, die mit einer bestimmte Aktion Interesse am Angebot eines Unternehmens bekundet haben. Die Leads können folgendermassen qualitativ erfasst werden:

- No of Actions (Downloads, Subscriptions, Recomondations, Registrations)
- Conversion Rate

Qualitative Merkmale sind hier nicht definiert.[61]

Vereinfacht und auf die in der Studie definierten Channels aufgesplittet, werden für diese Studie die folgenden Kennzahlen unter Leads berücksichtigt:

Tabelle 7: Kennzahlen Leads

Ziel	Kennzahl	Channel
Leads	No of Actions on Website through Visitors from this Channel (Downloads Subscritions, Recommendations, Registrations)	Facebook
	No of Actions on Website through Visitors from this Channel (Downloads Subscritions, Recommendations, Registrations)	Twitter
	No of Actions on Website through Visitors from this Channel (Downloads Subscritions, Recommendations, Registrations)	Blog/Forum
	No of Actions on Website through Visitors from this Channel (Downloads Subscritions, Recommendations, Registrations)	YouTube

[60] Vgl. Schwede Mike 2012, Social Media Analytics: 3. Scorecard, in: http://mike.schwede.ch/2012/01/26/social-media-analytics-3-scorecard, 20. 04 2012.

[61] Vgl. ebd.

Conversin Rate	Conversion Rate on Website from Visitors from this Channel (Visitors/Actions)	Facebook
	Conversion Rate on Website from Visitors from this Channel (Visitors/Actions)	Twitter
	Conversion Rate on Website from Visitors from this Channel (Visitors/Actions)	Blog/Forum
	Conversion Rate on Website from Visitors from this Channel (Visitors/Actions)	YouTube

Quelle: Eigene Aufbereitung in Anlehnung an Schwede Mike 2012

3.1.4.3 Sales

Hier wird erfasst, wie viele Verkäufe auf den Social Media-Portalen aufgelistet wurden. Gemessen werden kann, wie viele Besucher direkt via Social Media auf die Webseite gelangen und dort Bestellungen tätigen. Auch die Höhe der Bestellsumme kann erfasst werden:

- Nr. of Orders
- Turnover
- Turnover per Fan
- Cost per Order

Die Empfehlungen auf der qualitativen Seite lauten: Number of new Customers, Number of Repurchases und Averange Order Value.[62]

Vereinfacht und auf die in der Studie definierten Channels aufgeteilt, werden für diese Studie die folgenden Kennzahlen unter Sales berücksichtigt:

Tabelle 8: Kennzahlen Sales

Ziel	Kennzahl	Channel
Sales (only for online shops!)	Nr. of Orders from Visitors from this Channel	Facebook
	Nr. of Orders from Visitors from this Channel	Twitter
	Nr. of Orders from Visitors from this Channel	Blog/Forum
	Nr. of Orders from Visitors from this Channel	YouTube
	Turnover from Visitors from this Channel	Facebook
	Turnover from Visitors from this Channel	Twitter
	Turnover from Visitors from this Channel	Blog/Forum
	Turnover from Visitors from this Channel	YouTube

[62] Vgl. Schwede Mike 2012, Social Media Analytics: 3. Scorecard, in: http://mike.schwede.ch/2012/01/26/social-media-analytics-3-scorecard, 20. 04 2012.

	Turnover per Fan	Facebook
	Turnover per Follower	Twitter
	Turnover per Subscriber	Blog/Forum
	Turnover per Subscriber	YouTube
	Cost per Order from Visitors from this Channel	Facebook
	Cost per Order from Visitors from this Channel	Twitter
	Cost per Order from Visitors from this Channel	Blog/Forum
	Cost per Order from Visitors from this Channel	YouTube

Quelle: Eigene Aufbereitung in Anlehnung an Schwede Mike 2012

3.1.5 Support & Innovation

Zum Kundensupport und Generieren von Innovation können Social Media ebenfalls einen Teil beitragen. Dieser Bereich Support & Innovation kann in die folgenden Ziele unterteilt werden: Support, Support Satisfaction und Innovation.[63]

3.1.5.1 Support

Hier geht es um das effiziente Lösen von Supportanfragen von Kunden. Die Zielstellung eines Unternehmens kann darin bestehen, durch mehr Effizienz auf Social Media andere Kanäle des Kundensupports zu entlasten. Messen kann man das mit den folgenden qualitativen Messgrössen:[64]

- No of Inpuiries
- Solved Inpuiry Rate
- Averange Response Time
- Share of Channels
- Time saved
- Share „Solved by Users“

Hinzu kommen für qualitative Reports: Share of Request Type (Presales, Support, Critic, Praise), Top/Flop Products / Services, Superusers.

[63] Vgl. Schwede Mike 2012, Social Media Analytics: 3. Scorecard, in: http://mike.schwede.ch/2012/01/26/social-media-analytics-3-scorecard, 20. 04 2012.

[64] Vgl. Schwede Mike 2012, Social Media Analytics: 3. Scorecard, in: http://mike.schwede.ch/2012/01/26/social-media-analytics-3-scorecard, 20. 04 2012.

Vereinfacht und auf die in der Studie definierten Channels aufgesplittet, werden für diese Studie die folgenden Kennzahlen unter Support berücksichtigt:

Tabelle 9: Kennzahlen Support

Ziel	**Kennzahl**	**Channel**
Support	No of Inquiries	Facebook
	No of Inquiries	Twitter
	No of Inquiries	Blog/Forum
	No of Inquiries	YouTube
	Solved Inquiries Rate	Facebook
	Solved Inquiries Rate	Twitter
	Solved Inquiries Rate	Blog/Forum
	Solved Inquiries Rate	YouTube
Share of Channels	Share of Channels (Customer Contacts throug Channel / total Customer Contacts)	Facebook
	Share of Channels (Customer Contacts throug Channel / total Customer Contacts)	Twitter
	Share of Channels (Customer Contacts throug Channel / total Customer Contacts)	Blog/Forum
	Share of Channels (Customer Contacts throug Channel / total Customer Contacts)	YouTube

Quelle: Eigene Aufbereitung in Anlehnung an Schwede Mike 2012

3.1.5.2 Satisfaction

Hier wird die Kundenzufriedenheit mit dem Support via Social Media gemessen. Dies kann anhand der folgenden quantitativen Grössen geschehen:

- Share of positive Reactions
- Share of Channel Switches

Unter Satisfaction werden keine qualitativen Reports empfohlen.[65]

[65] Vgl. Schwede Mike 2012, Social Media Analytics: 3. Scorecard, in: http://mike.schwede.ch/2012/01/26/social-media-analytics-3-scorecard, 20. 04 2012.

Vereinfacht und auf die in der Studie definierten Channels verteilt, werden für diese Studie die folgenden Kennzahlen unter Support berücksichtigt:

Tabelle 10: Kennzahlen Satisfaction

Ziel	Kennzahl	Channel
Satisfaction	Share of positive Reactions (No. of positive Reactions / total Reactions)	Facebook
	Share of positive Reactions (No. of positive Reactions / total Reactions)	Twitter
	Share of positive Reactions (No. of positive Reactions / total Reactions)	Blog/Forum
	Share of positive Reactions (No. of positive Reactions / total Reactions)	YouTube

Quelle: Eigene Aufbereitung in Anlehnung an Schwede Mike 2012

3.1.5.3 Innovation

Innovation kann ein Ziel von Unternehmen auf Social Media sein, weil durch User neue Produkt- oder Dienstleistungsideen generiert oder Feed-backs auf eigene Innovationen eingeholt werden können. Für die Messung von Innovation schlägt Schwede die folgenden qualitativen Grössen vor:

- Number of Inbound Inputs
- Outbound Engagement Rate
- Number of implemented Inputs

Auf der qualitativen Seite kann man die Top Ideas und Flop Ideas erfassen.[66]

Vereinfacht und auf die in der Studie definierten Channels aufgesplittet, werden für diese Studie die folgenden Kennzahlen unter Support berücksichtigt:

Tabelle 11: Kennzahlen Innovation

Ziel	Kennzahl	Channel
Innovation	Number of Inbound Inputs	Facebook
	Number of Inbound Inputs	Twitter
	Number of Inbound Inputs	Blog/Forum
	Number of Inbound Inputs	YouTube

Quelle: Eigene Aufbereitung in Anlehnung an Schwede Mike 2012

[66] Vgl. Schwede Mike 2012, Social Media Analytics: 3. Scorecard, in: http://mike.schwede.ch/2012/01/26/social-media-analytics-3-scorecard, 20. 04 2012.

3.1.6 Organisation

Für den Bereich Organisation empfiehlt Mike Schwede, die Grössen Empowerment und Leadership zu tracken.[67]

3.1.6.1 Empowerment

Bei Empowerment geht es darum, die Mitarbeitenden für Social Media zu rüsten, um sie dann z.B. als Multiplikatoren oder Experten einzusetzen. Quantitativ messen kann man das mit den folgenden Kennzahlen:

- Share of Employees with Social Media
- Share of trained Epolyees
- No of active Employees

Im Zusammenhang mit Empowerment schlägt Schwede keine qualitativen Messgrössen vor.[68]

3.1.6.2 Leadership

Im Hinblick auf Organisation geht es nicht nur um die Stufe Mitarbeitende, sondern auch um die Führungskräfte. Auch sie können via Social Media Nutzen generieren. Schwede empfiehlt deshalb, auch die folgende Kennzahl zu erfassen:

- Share of active Managers

Für einen qualitativen Report gibt es hier keine Empfehlungen.[69]

Der Bereich Organisation fliesst in dieser Studie unter dem Kapitel 3.4.1 in die Resultate ein und wird wie dort beschrieben ermittelt.

3.2 Zielerreichung

3.2.1 Erhebung der Zielerreichung

Neben dem allgemeinen Nutzen von Social Media interessieren besonders die Effekte, die zur individuellen Zielerreichung der Unternehmen beitragen. Diese werden im Telefoninterview abgefragt oder per E-Mail nachgeliefert. Es handelt sich um die gleichen Ziele, wie im Social Media-Konzept festgehalten sind, falls ein solches vorhanden ist.

Die Zielerreichung soll unter Unternehmen mit ähnlichen Zielen verglichen werden, um die Erfolge besser einordnen zu könnnen.[70] Um die Zielerreichung vergleichbar zu machen, werden die individuellen Unternehmensziele den übergeordneten Bereichen entsprechend auf der Scorecard von Schwede aufgeteilt: Marketing & Commungication, Support & Innovation, Sales und Organisation.[71]

---

[67] Vgl. ebd.

[68] Vgl. Schwede Mike 2012, Social Media Analytics: 3. Scorecard, in: http://mike.schwede.ch/2012/01/26/social-media-analytics-3-scorecard, 20. 04 2012.

[69] Vgl. ebd.

[70] Siehe Kap. 5.2.

[71] Vgl. Schwede Mike 2012, Social Media Analytics: 3. Scorecard, in: http://mike.schwede.ch/2012/01/26/social-media-analytics-3-scorecard, 20. 04 2012.

Als Messgrösse für die Zielerreichung dient dann der Score, den das Unternehmen innerhalb dieses Bereichs erzielt. Dieser Scores können dann unter den Unternehmen verglichen werden und geben Aufschluss darüber, welche Unternehmen ihre Ziele am besten erreichen. Wenn ein Unternehmen auf Social Media unterschiedliche Ziele verfolgt, können diese Ziele auch unterschiedlichen Bereichen zugeordnet werden.[72]

3.2.2 Berechnung des allgemenen Scores

Die Berechnung des allgemenen Scores soll die Unternehmen untereinander vergleichbar machen. Der Score wird auf Basis der Social Media Scorecard ermittelt.[73] Um die unterschiedlichen Kennzahlen überhaupt vergleichbar zu machen, hat sich der Autor dieser Studie für die folgende Methode zur einheitlichen Berechnung entschieden:

Bei jeder Kennzahl erhält das Unternehmen, das in dieser Studie das beste Resultat erzielt, den Score 100 für diese Kennzahl. Die Scores aller anderen Unternehmen werden dann prozentual heruntergerechnet. Wenn z.B. das Unternehmen mit den meisten Likers auf Facebook 1000 Likers hat, erhält es dafür den Score 100. Ein anderes Unternehmen, das nur 200 Likers hat, erhält für diese Kennzahle den Score 20, weil die 200 Likers 20 % des Top-Wertes entsprechen.

Formel: Score = Wert des Unternehmens / Wert Top-Unternehmen *100

So erhalten die Unternehmen für jede Kennzahl zwischen 0 und 100 Punkte.

3.3 Vergleich Potenzial der Portale

Um eine Aussage darüber machen zu können, mit welchen Massnahmen die Unternehmen ihre Ziele besonders gut erreichen konnten, werden die Kanäle miteinander verglichen. Dies ist nicht überall möglich, sondern nur da, wo die Kennzahlen vergleichbar sind und es genügend Messresultate gibt.[74]

Verglichen werden deshalb die folgenden Kennzahlen:

Marketing & Communications

- Anzahl Likers, Followers und Subscribers
- Anzahl Impressionen
- Anzahl eigener Posts auf den Channels
- Anzahl Reaktionen auf eigene Poststs

Sales

- Visitors: Traffic to Website throught this Channel

[72] Siehe Kap. 5.2.1-5.2.6.

[73] Vgl. Schwede Mike 2012, Social Media Analytics: 3. Scorecard, in: http://mike.schwede.ch/2012/01/26/social-media-analytics-3-scorecard, 20. 04 2012.

[74] Siehe Kap. 5.3.

Support & Innovation

- Support: No of Inquiries
- Innovation: Number of Inbound Inputs

3.4 Strategisches Vorgehen

Um die Frage zu beantworten, welchen Einfluss ein strategisches Vorgehen auf den Nutzen von Social Media hat, muss zunächst ein Wert für den Grad des strategischen Vorgehens ermittelt werden, der dann mit einem Wert für den erreichten Nutzen in ein Verhältnis gesetzt wird und auf einen Zusammenhang überprüft werden kann.

3.4.1 Erhebung strategisches Vorgehen

Auch für den Grad des strategischen Vorgehens wird ein Socre ermittelt. Als Basis dazu dient die unten abgebildete Tabelle von Hilker, die das strategische Vorgehen in Teilschritten darstellt. Als Grundlage dazu dient die Grafik Social Media Strategie von Claudia Hilker.[75]

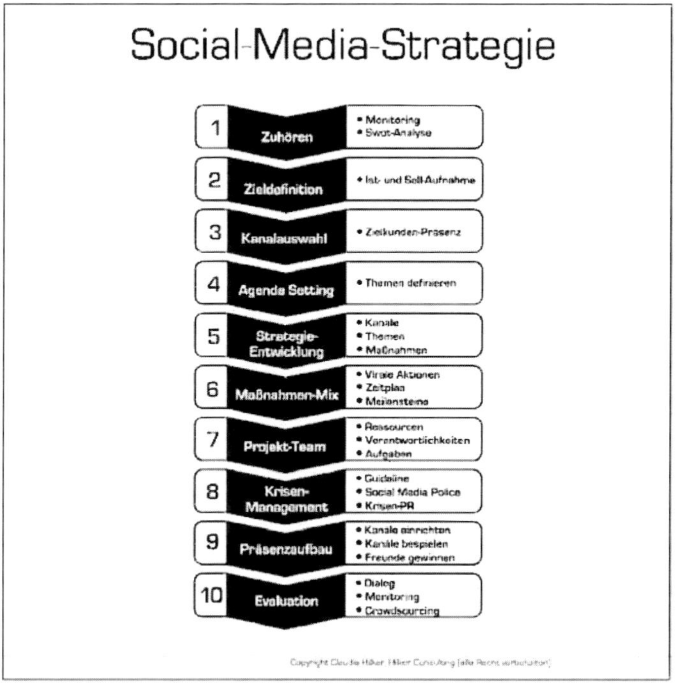

Abbildung 1: Social Media-Strategie in Teilschritten

Quelle: Hilker Claudia 2010, S. 64

[75] Vgl. Hilker Claudia 2010, S. 64.

Ausgehend davon wurde die folgende Tabelle erstellt. Die einzelnen Teilschritte werden unterschiedlich gewichtet, indem pro Teilschritt ein oder zwei Punkte verteilt werden. Diese Gewichtung wurde nach Einfluss auf das Endresultat nach Einschätzung des Autors vorgenommen. Total können maximal 36 Punkte erreicht werden.

Tabelle 12: Erhebung strategisches Vorgehen

Strategieschritte	**Parameter**	**Gewichtung (tot. 36 Punkte)**	**Erfüllt (x = ja)**
Zuhören	Betreibt Unternehmen ein Monitoring?	2	
	Wurde eine Swot-Analyse erstellt?	1	
Zieldefinition	Wurde Istaufnahme gemacht?	1	
	Wurden Ziele (Sollzustand) definiert?	2	
Kanalauswahl	Wurden Kanäle definiert?	2	
	Wurde Zielgruppenpräsenz berücksichtigt	1	
Agenda Setting	Wurden Themen definiert?	2	
Strategieentwicklung	Wurde Strategie schriftlich festgehalten?	2	
Massnahmen-Mix	Wurden Massnahmen entwickelt?	2	
	Gibt es einen Zeitplan?	1	
	Gibt es Meilensteine?	1	
Projektteam	Wurden Ressourcen geplant?	1	
	Wurden Verantwortlichkeiten definiert?	2	
	Wurden Aufgaben verteilt?	1	
Krisenmanagement	Gibt es Social Media Guidelines?	2	
	Gibt es einen Workflow für Issues und Krisen?	1	
Präsenzaufbau	Wurden die definierten Kanäle aufgebaut?	2	
	Werden die Kanäle inhaltlich bewirtschaftet?	2	
	Werden die Communities aktiv gefördert?	2	
	Haben Mitarbeiter Zugang zu Social Media?	2	
	Wurden Mitarbeiter geschult?	1	
	Ist Social Media in die Organisation von min. 3 Abteilungen integriert?	2	
	Setzen min. 3 Manager Social Media für ihre Bereiche ein?	1	

Quelle: Eigene Aufbereitung in Anlehnung an Hilker Claudia 2010

Die Evaluation wurde bewusst ausgelassen, weil diese separat ermittelt wird.

3.4.2 Analyse Zusammenhang Strategie und Nutzen

Der bestimmte Grad an strategischem Vorgehen wird mit dem gemessenen Nutzen der Social Media-Aktivitäten ins Verhältnis gesetzt. Dies geschieht grafisch mit Microsoft Excel, um die Statistikanwendungen nutzen zu können, die das Programm bietet. Mit einer einfachen Regressionsanalyse wird überprüft, ob die beiden Variablen *Grad an strategischem Vorgehen* und *Gemessener Nutzen* (Summe aller Scores) tatsächlich in einem Zusammenhang stehen.[76]

Für die statistische Bestimmung dieses Zusammenhangs dient das Bestimmtheitsmass R2. Diese Kennzahl kann mit Microsoft Excel festgelegt werden. Ist R2 = 1, besteht ein perfekter linearer Zusammenhang zwischen den Variablen; ist R2 = 0, besteht kein solcher Zusammenhang.

Für die grafische Bestimmung dieses Zusammenhangs stellt Excel die Trendlinie zu Verfügung, die eine erwartete lineare Abhängigkeit darstellt. Je weiter die Resultate von dieser Trendlinie abweichen,umso kleiner ist der Zusammenhang.

Der Autor dieser Studie weist darauf hin, dass damit kein kausaler Zusammenhang bewiesen werden kann. Dafür ist die Teilnehmerzahl viel zu klein und es müssten alle anderen möglichen Einflussfaktoren berücksichtig werden können. Das ist im Rahmen dieser Studie nicht möglich. Auf eine Repräsentanz-Analyse wird aufgrund der kleinen Teilnehmerzahl verzichtet.

3.5 Vollständigkeit Reporting

Um die Frage zu klären, welchen Einfluss ein professionelles, zielorientiertes und vollständiges Reporting auf den Nutzen von Social Media hat, muss zunächst ein Wert für den Grad der Vollständigkeit des Reportings ermittelt werden, der dann mit einem Wert für den erreichten Nutzen in ein Verhältnis gesetzt wird und auf einen Zusammenhang überprüft werden kann.[77]

3.5.1 Erhebung Reporting-System

Wie für das strategische Vorgehen werden auch für das Reporting-System Punkte verteilt. Die unten stehende Tabelle zeigt, für welche Elemente im Reporting ein oder zwei Punkte zugeteilt werden. Die Teilschritte und die Gewichtung wurden auf Basis von den Reporting-Empfehlungen von Hoffman festgelegt.[78]

Tabelle 13: Berechnung des Grades an strategischem Vorgehen

Kriterium	**Gewichtung (tot. 9 Punkte)**	**Erfüllt (x = ja)**
Gibt es ein regelmässiges Reporting?	2	
Ist das Reporting direkt auf die Erreichung der eigenen Ziele ausgerichtet?	2	
Misst das Reporting die Auswirkung von Brand Engegement?	1	
Misst das Reporting die Auswirkung von Brand Awareness?	1	

[76] Siehe Kap. 5.4.

[77] Siehe Kap. 5.5.

[78] Vgl. Hoffman Donna / Fodor Marek 2010, S. 44.

Misst das Reporting die Auswirkung von Word of Mouth?	1	
Sind Prozesse definiert, mit denen die Resultate des Reportings umgegangen werden können?	2	

Quelle: Eigene Aufbereitung in Anlehnung an Hilker Claudia 2010

3.5.2 Analyse Zusammenhang Reporting und Nutzen

Dieser Zusammenhang wird methodisch genauso ermittelt wie der Zusammenhang zwischen strategischem Vorgehen und dem Nutzen (beschrieben im Kapitel 3.4.2.).

3.6 Messgrössen und Messquellen

Die unten abgebildete Tabelle zeigt alle erfassten Kennzahlen über alle Bereiche und alle Portale wie im Kapitel 3.1 beschrieben. Zudem zeigt die Tabelle, unter „Source" welche Messquelle für die entsprechende Kennzahl verwendet wird.

Tabelle 14: Scorecard inkl. Quellen

Ziele	Quantitative KPI	Channel	Source	Wert	Top	Score
Marketing & Communications						
Reach	Total No. of Likers	Facebook	Facebook Profile			
	Total No. of Followers	Twitter	Twitter Profile			
	Total No. of Subscriber	Blog/Forum	Blog Statistics			
	Total No. of Subscriber	YouTube	YouTube Profile			
	Impressions (tot. incl. virale Reichweite)	Facebook	Facebook Insights			
	Impressions on Twitter (Posts x Follower?)	Twitter	TweetReach			
	Unic Impressions	Blog/Forum	Wordpress/Google Analytics			
	Views	YouTube				

Engagement	No. of own Posts	Facebook	Content Analyse			
	No. of own Tweets	Twitter	Twitter			
	No. of own Comments	Blog/Forum	Blog/Forum			
	No. of own Comments	YouTube	YouTube			

	No. of Feedbacks Facebook (People talking about)	Facebook	Sysomos			
	Feedbacks Twitter (Replies + Shares + Faveriseds)	Twitter	Content Analyse			
	No. of Feedbacks Blogs/Forum (Comments)	Blog/Forum	Content Analyse			
	No. of Feedbacks YouTube (Comments)	YouTube	Content Analyse			

Influence	Competitor Share of Voice "Suche nach Firmennamen"	Blog/Forum	Sysomos			
	Competitor Share of Voice (Impressions)	YouTube	Sysomos			
	Competitor Share of Voice (Mentions)	Blog/Forum	Sysomos			
	Competitor Share of Voice (Views pro Channel)	YouTube	YouTube Channels			

Position	Anteil an positiv+neutral	Facebook	Content Analyse			
	Anteil an positiv+neutral	Twitter	Content Analyse			
	Anteil an positiv+neutral	Blog/Forum	Content Analyse			
	Anteil an positiv+neutral	YouTube	Content Analyse			

Protection	Nummer of Issues / solved Issues	Facebook	Content Analyse			
	Nummer of Issues / solved Issues	Twitter	Content Analyse			
	Nummer of Issues / solved Issues	Blog/Forum	Content Analyse			
	Nummer of Issues / solved Issues	YouTube	Content Analyse			

Sales

Visitors	Traffic to Website throught this Channel	Facebook	Google Analytics			
	Traffic to Website throught this Channel	Twitter	Google Analytics			
	Traffic to Website throught this Channel	Blog/Forum	Google Analytics			
	Traffic to Website throught this Channel	YouTube	Google Analytics			

Leads	No of Actions on Website through Visitors from this Channel (Downloads Subscritions, Recommendations, Registrations)	Facebook	Google Analytics			
	No of Actions on Website through Visitors from this Channel (Downloads Subscritions, Recommendations, Registrations)	Twitter	Google Analytics			
	No of Actions on Website through Visitors from this Channel (Downloads Subscritions, Recommendations, Registrations)	Blog/Forum	Google Analytics			
	No of Actions on Website through Visitors from this Channel (Downloads Subscritions, Recommendations, Registrations)	YouTube	Google Analytics			
	Conversion Rate on Website from Visitors from this Channel (Visitors/Actions)	Facebook	calculate			
	Conversion Rate on Website from Visitors from this Channel (Visitors/Actions)	Twitter	calculate			
	Conversion Rate on Website from Visitors from this Channel (Visitors/Actions)	Blog/Forum	calculate			
	Conversion Rate on Website from Visitors from this Channel (Visitors/Actions)	YouTube	calculate			

Sales (only for online shops!)	Nr. of Orders from Visitors from this Channel	Facebook	Google Analytics			
	Nr. of Orders from Visitors from this Channel	Twitter	Google Analytics			
	Nr. of Orders from Visitors from this Channel	Blog/Forum	Google Analytics			
	Nr. of Orders from Visitors from this Channel	YouTube	Google Analytics			
	Turnover from Visitors from this	Facebook	Google Analytics			

	Channel					
	Turnover from Visitors from this Channel	Twitter	Google Analytics			
	Turnover from Visitors from this Channel	Blog/Forum	Google Analytics			
	Turnover from Visitors from this Channel	YouTube	Google Analytics			
	Turnover per Fan	Facebook	Google Analytics			
	Turnover per Follower	Twitter	Google Analytics			
	Turnover per Subscriber	Blog/Forum	Google Analytics			
	Turnover per Subscriber	YouTube	Google Analytics			
	Cost per Order from Visitors from this Channel	Facebook	Google Analytics			
	Cost per Order from Visitors from this Channel	Twitter	Google Analytics			
	Cost per Order from Visitors from this Channel	Blog/Forum	Google Analytics			
	Cost per Order from Visitors from this Channel	YouTube	Google Analytics			

Support & Innovation

Support	No of Inquiries	Facebook	Content Analyse			
	No of Inquiries	Twitter	Content Analyse			
	No of Inquiries	Blog/Forum	Content Analyse			
	No of Inquiries	YouTube	Content Analyse			
	Solved Inquiries Rate	Facebook	Content Analyse			
	Solved Inquiries Rate	Twitter	Content Analyse			
	Solved Inquiries Rate	Blog/Forum	Content Analyse			
	Solved Inquiries Rate	YouTube	Content Analyse			
	Share of Channels (Customer Contacts throug Channel / total Customer Contacts)	Facebook	Internal Statistics			
	Share of Channels (Customer Con-	Twitter	Internal Statistics			

	tacts throug Channel / total Customer Contacts)					
	Share of Channels (Customer Contacts throug Channel / total Customer Contacts)	Blog/Forum	Internal Statistics			
	Share of Channels (Customer Contacts throug Channel / total Customer Contacts)	YouTube	Internal Statistics			

Satisfaction	Share of positive Reactions (No. of positive Reactions / total Reactions)	Facebook	Content Analyse			
	Share of positive Reactions (No. of positive Reactions / total Reactions)	Twitter	Content Analyse			
	Share of positive Reactions (No. of positive Reactions / total Reactions)	Blog/Forum	Content Analyse			
	Share of positive Reactions (No. of positive Reactions / total Reactions)	YouTube	Content Analyse			

Innovation	Number of Inbound Inputs	Facebook	Content Analyse			
	Number of Inbound Inputs	Twitter	Content Analyse			
	Number of Inbound Inputs	Blog/Forum	Content Analyse			
	Number of Inbound Inputs	YouTube	Content Analyse			

Quelle: Eigene Aufbereitung in Anlehnung an Schwede Mike 2012

3.7 Schwierigkeiten / Ungenauigkeiten

Social Media Reporting ist keine exakte Wissenschaft. Es ist nicht immer möglich, alle Kennzahlen ganz genau zu erfassen. Die nachfolgend aufgeführten Aspekte können zu Ungenauigkeiten führen.

3.7.1 Abgrenzung positiv, neutral und negativ

Die Abgrenzung in der Inhaltsanalyse ist nicht immer ganz klar. Ob ein Kommentar als positiv, neutral oder negativ einzustufen ist, entschied der Verfasser dieser Studie nach seiner persönlichen Einschätzung in Bezug darauf, welche Annahme am besten zutrifft, um ein möglichst genaues Resultat zu erhalten.

3.7.2 Abgrenzung Support: Gelöst oder nicht?

Es lässt sich von aussen nicht immer feststellen, ob mit einer Antwort eine Supportanfrage gelöst oder ob sie noch offen ist, aber einfach keine Reaktion des Anfragestellers mehr auf diesem Kanal erfolgt. Auch hier trifft der Autor eine Annahme bei Berücksichtigung des individuellen Kontextes.

3.7.3 Abhängigkeit von Unternehmen

Bei allen Kennzahlen, die nur mit unternehmensinternen Quellen erfasst werden können oder vertrauliche Zugänge benötigen, ist der Autor auf verlässliche Zahlen der Unternehmen angewiesen und kann diese nicht nachprüfen.

3.7.4 Dokumentation

Alle erfassten Zahlen werden in der Scorecard mit Quelle und Datum hinterlegt, sodass jede Zahl nachprüfbar ist (solange die elektronischen Archive der Kanäle abrufbar sind). Damit ist die Nachprüfbarkeit gewährleistet und der Verfasser verzichtet darauf, alle Kennzahlen zusätzlich mit Printscreens oder anderen Dokumentationsformen zu archivieren.

4 Theoretische Grundlagen

4.1 Stand der Forschung

Social Media ist ein junges Thema und dementsprechend ist die vorhandene wissenschaftliche Literatur zu diesem Thema derzeit noch recht „übersichtlich". Allerdings gibt es in jüngster Zeit immer mehr Studien, die sich mit Social Media beschäftigen. Für diese Studie interessieren besonders wissenschaftliche Publikationen, die explizit den Nutzen von Social Media in der externen Kommunikation behandeln.

Eine Übersicht zum Stande in der Literatur im Bereich Nutzen, Reporting und Return on Investment von Social Media haben Broom, McCann, Bromby und Barlow an der Glasgow School for Business and Society, Glasgow Caledonian University erstellt. Sie haben die Suchtreffer zu Keywords wie „Social Media ROI", „Social Media Measurement", „Economic Value of Social Media" und „Measurement of Social Media ROI" ausgewertet und zusammengestellt. Broom beschränkt sich dabei auf englischsprachige Literatur.[79] Folgende Artikel sind deshalb besonders relevant:

Fischer 2009: ROI in social media: A look at the arguments

Dieser Journalartikel behandelt das wachsende Interesse am ROI von Social Media und die Kontroversen, die um die Messung des ROIs angesiedelt sind. Der Artikel sagt aus, dass Social Media mehr sei als klassisches Onlineanzeigenmarketing und deshalb verlange die Evaluation von Social Media auch mehr als nur eine Adaption von traditionellen Kampagnen-Reportings. Der Autor beschreibt verschiedene Mess- und Monitoringkennzahlen und verweist dabei unter anderem auch auf Jeremyah Owyang. Der Artikel fasst zusammen, dass Merketers in drei Gruppen eingeteilt werden kann: die Verneiner, die Verteidiger und die Überzeugten. Der Autor ist der Ansicht, dass man für erfolgreiche Social Media-Arbeit seine Ziele kennen müsse und wissen müsse, wie man diese erreichen wolle.[80]

Hoffman / Fodor 2010: Can You Measure the ROI of Your Scoial Media Marketing?

Hoffman und Fodor schreiben in ihrem Artikel, dass die meisten Social Media Reporting Frakeworks in erster Linie auf Reach und Frequency abzielen. Die könne bei bei Social Media unpassend sein, weil das nur kurzfristige Auswirkungen seien und die qualitativen Aspekte damit nicht abgedeckt seien. Die Autoren schlagen vor nicht den eigenen Output zu messen, sondern was dass die Kunden an Feedback oder Reaktionen generieren. Manager sollten beginnen zu berücksichtigen, was die Kunden dazu motiviere, Social Media zu nutzen und sich für die Marke zu engagieren. Dazu stellen Hoffman und Fodor eine Score Card zur Verfügung.[81]

Mangiuc 2009: Measuring Web 2.0 Efficiency

Dieser Artikel behandelt die Messung von Social Media mit Fokus auf die Messung von Kosten und Nutzen, wobei auch Soft Benefits berücksichtigt werden. Bezogen wird sich auf die Case Study eines

---

[79] Vgl. Broom David u.a. 2011, Return on Investment: What Literature Exists on the Use of Social Media and ROI? in http://ssrn.com/abstract=1926900

[80] Vgl. Fischer Tia 2009, S. 189-195 in Broom David u.a. 2011, Return on Investment: What Literature Exists on the Use of Social Media and ROI?, in: http://ssrn.com/abstract=1926900, 16.04.2012.

[81] Vgl. Hoffman Donna / Fodor Marek 2010, Can You Measure the ROI of Your Scoial Media Marketing?, S. 41-49, in Broom David u.a. 2011, Return on Investment: What Literature Exists on the Use of Social Media and ROI?, in: http://ssrn.com/abstract=1926900, 16.04.2012.

deutschen IT-Unternehmens, das gewisse Social Media Channels eingeführt hat. Der Autor präsentiert ein Modell, das auf der klassischen ROI-Messung beruht.[82]

Murdough 2009: Social Media Measurement: It's Not Impossible

Dieser Artikel stellt einen Prozess zur Messung von Social Media vor. Dieser Prozess besteht aus den fünf Phasen Konzept, Definition, Design, Entwicklung und Optimierung. Murdough trifft zu jedem Prozesschritt ein Beispiel und erklärt die Phasen genau. Zuerst sollte man entscheiden, wie eine Marke die Beziehungen zu ihren Kunden ändert, dann einen sinnvollen Plan erstellen, einen gewissen Kontrollverlust akzeptieren und dann einfach ausprobieren und schauen, was passiert.[83]

Nair, 2011: Understanding and measuring the value of social media

Dieser Artikel behandelt die Überlegungen im Zusammenhang mit Social Media, die sich Unternehmen machen inklusive wie und wo Social Media gemessen werden soll. Der Artikel beschreibt Social Media als eine neue Plattform, auf der Unternehmen unterschiedliche Experimente anstellen. Das Paper enthält eine Fallstudie aus der Health Care-Branche. Der Autor kommt zu dem Schluss, dass Social Media gewinnbringend sein kann, dafür braucht es aber einen strategischen Ansatz und eine taktische Implementation. Er geht davon aus, dass Social Media gemessen werden kann und schlägt dafür eine adoptierte Balanced Score Card vor. Diese soll Unternehmen befähigen, ihre Social Media Resultate zu monitoren, managen und messen.[84]

Zeng 2010: Social Media Analytics and Intelligence

Der Autor beschreibt die Probleme im Hinblick auf Social Media Analytics und Social Media Intelligence aus wissenschaftlicher Perspektive. Bei Social Analytics gibt es Schwierigkeiten im Umgang mit den vielen Daten und der Art der Daten, die durch Social Media entstehen. Bei Social Media Intelligence benötigt die Forschung klar definierte Messgrössen, damit die Daten in eine Form gebracht werden, in der sie als Entscheidungsgrundlage hilfreich sind. Der Autor sieht viele Einsatzmöglichkeiten für diese beiden Bereiche, wenn die Messgrössen klar und messbar werden. Da dies bisher noch nicht der Fall sei, sei auch eine Aussage über den Return on Investment schwierig.[85]

Im Gegensatz zur Wissenschaft gibt es in der Fachliteratur bereits eine grosse Auswahl an Publikationen zum Thema Social Media. Schwerpunktmäßig sind diese Publikationen darauf ausgerichtet, Unternehmen beim Erstellen von Social Media-Strategien und beim Einsatz der Möglichkeiten behilflich zu sein. Viele wichtige und besonders aktuelle Kenntnisse zu diesem Themenbereich finden sich ausschliesslich auf Blogs, Beispiele sind die einflussreichen Blogs von Brian Solis[86] und Jeremaiah Owyang[87].

---

[82] Vgl. Mangiuc Dragos Marian 2009, S. 74-87, in Broom David u.a. 2011, Return on Investment: What Literature Exists on the Use of Social Media and ROI?, in: http://ssrn.com/abstract=1926900, 16.04.2012.

[83] Vgl. Murdough Chris 2009 S. 94-99, in Broom David u.a. 2011, Return on Investment: What Literature Exists on the Use of Social Media and ROI?, in: http://ssrn.com/abstract=1926900, 16.04.2012.

[84] Vgl. Nair Mohan 2011, S. 45-51, in Broom David u.a. 2011, Return on Investment: What Literature Exists on the Use of Social Media and ROI?, in: http://ssrn.com/abstract=1926900, 16.04.2012.

[85] Zeng Daniel 2010, S. 13-16, in Broom David u.a. 2011, Return on Investment: What Literature Exists on the Use of Social Media and ROI?, in: http://ssrn.com/abstract=1926900, 16.04.2012.

[86] www.briansolis.com

[87] www.web-strategist.com/blog

4.2 Social Media Reporting-Modelle

In diesem Kapitel werden unterschiedliche, wissenschaftlich geprägte Modelle für Social Media Reporting vorgestellt, die als Grundlage dieser Arbeit dienen.

4.2.1 Measurement Framework nach LaPoint

Das Measurement Framework von Pat LaPoint soll behilflich sein, sich seiner eigenen Ziele bewusst zu werden. Auf die Frage, wie man den Wert aller Aktivitäten auf Social Media Portalen wie Twitter, Linked-in oder Facebook messen kann, stellt LaPoint die Gegenfrage: Wieso tuen Sie es? Wer auf diese Frage keine Antwort hat, der verschwende nur seine Zeit und das Geld seines Unternehmens.[88]

Er schlägt das folgende Framework vor[89]:

1. Füllen Sie aus: Die Social Media Initiativen werden bewirken, dass ____________ indem sie ___________ über den Zeithorizont von __________. Und wenn das passiert, dann wird das Unternehmen dabei von einem Mehrwert von $__________ profitieren, was einen ROI von _______ bedeutet. Hypothese aufzustellen, was man erreichen könne und inwiefern das Unternehmen davon profitiere.

Die Antworten sind die Basis für das weitere Vorgehen[90]:

2. Identifizieren Sie die Annahmen in der Hypothese und rechnen Sie diese 50 % bis 100 % hoch und runter, um zu sehen, unter welchen Umständen die Annahmen unprofitabel werden.
3. Identifizieren Sie die heikelsten Annahmen, bei denen kleine Schwankungen grosse Auswirkungen auf das Resultat haben können. Das sind die Schlüssel-Unsicherheiten.
4. Verbessern Sie Ihr Verständnis für die kritischen Annahmen durch kleine Experimente. Planen Sie die Instrumente so, dass sie ohne Risiko scheitern können. Wichtig ist aber, dass sie Ihnen helfen zu verstehen, was für den Erfolg nötig ist oder auch, was nicht funktioniert.
5. Wiederholen Sie Schritt 1 bis 4 so lange, bis das Modell zu funktionieren scheint.

In diesem Prozess werden die wichtigsten Erfolgsfaktoren sehr klar. Das werden dann die Schlüsselwerte, die gemessen werden sollten. Dieses Modell dient also in erster Linie zur Zielfindung und zur Erkennung der Kennzahlen, die es zu messen gilt. Wie diese Werte gemessen werden, bleibt hier noch offen.

[88] Vgl. LaPoint Pat 2009, Marketing Measurement Today, in: http://marketingmeasurementtoday.blogspot.com/2009/07/twittering-away-time-and-money.html, 25. 02 2012

[89] Vgl. ebd.

[90] Vgl. LaPoint Pat 2009, Marketing Measurement Today, in: http://marketingmeasurementtoday.blogspot.com/2009/07/twittering-away-time-and-money.html, 25. 02 2012.

4.2.2 Interaktive Effekte als Nutzen von Social Media

K. D. Paine verfolgt den Ansatz, demzufolge man sich bei der Messung von Social Media auf Effekte konzentrieren sollte, die die Aktivitäten auslösen:

„The importance value of social media is what happens because of it"[91]

Deshalb schlägt Paine vor, das Wort „Media" bei Social Media zu streichen, wenn es um die Erfolgsmessung geht. Das will heissen, dass der Erfolg der Social Media-Aktivitäten in den sozialen Effekten liegt, die aufgrund von Social Media stattfinden. Entsprechend ist ihr Measurement-Programm darauf ausgerichtet.[92]

4.2.2.1 Measurement Program Checklist by K. D. Paine

Mit der Measuremenbt Program Checklist bietet Paine eine Hilfestellung, um ein Reporting aufzubauen. Sie empfiehlt dabei das folgende Vorgehen:

Schritt 1: Welches sind Ihre Ziele?

Fragen zur Zielfindung von Paine[93]:

1) Welches sind die wichtigsten Jahresziele Ihres Unternehmens?
2) Welches sind die wichtigsten Jahresziele Ihrer Abteilung?
3) Was möchten Sie mit dem Report erreichen?
    - Budget bestätigt bekommen
    - Budget erhöhen
    - Mehr personelle Ressourcen bekommen
    - Mehr interne Unterstützung bekommen
    - Mehr externe Unterstützung bekommen
    - Mein Dasein berechtigen
    - Lohnerhöhung bekommen
    - Befördert werden

---

[91] Paine Katie Delahaye 2009, What's Important about Social Media Is What Happens because of It, in: http://kdpaine.blogs.com/themeasurementstandard/2009/08/whats-important-about-social-media-is-what-happens-because-of-it.html, 25.02.2012.

[92] Vgl. ebd.

[93] Vgl. Paine Katie Delahaye 2009, What's Important about Social Media Is What Happens because of It, in: http://kdpaine.blogs.com/themeasurementstandard/2009/08/whats-important-about-social-media-is-what-happens-because-of-it.html, 25.02.2012.

Schritt 2: Welches sind Ihre Zielgruppen?

Vorschläge zur Zielgruppenbestimmung nach Paine[94]:

- Medien
- Interessenten
- Customers
- Partners
- Employees
- Governments
- NGOs
- Communities
- Investoren
- Meinungsführer
- Internationale Gemeinschaft
- Andere

Wie profitiert Ihre Firma von guten Beziehungen zu den Zielgruppen?

Vorschläge für mögliche Nutzen von guten Beziehungen zu den Zielgruppen nach Paine[95]:

1) Höhere Verkaufszahlen
2) Höhere Präsenz
3) Mehr Spenden
4) Höhere Wahrscheinlichkeit, dass erwünschte Gesetze verabschiedet werden
5) Leistungsfähigkeit verbessern
6) Wahrnehmung erhöhen
7) Bessere Mitarbeiter-Bindung
8) Höhere Mitarbeiterloyalität
9) Höhere Kundenbindung
10) Höhere Kundenloyalität
11) Wahrscheinlichkeit für Kauf verbessern
12) Neue Kunden anziehen
13) Neue Interessenten anziehen (Lead-Generierung)
14) Neue oder potenzielle Spender anziehen
15) Kaufvolumen vergrössern
16) Kauffrequenz erhöhen
17) Aktienpreise erhöhen
18) Profitabilität verbessern
19) Umsatz beeinflussen
20) Schnellere Markteinführung

---

[94] Vgl. Paine Katie Delahaye 2009, What's Important about Social Media Is What Happens because of It, in: http://kdpaine.blogs.com/themeasurementstandard/2009/08/whats-important-about-social-media-is-what-happens-because-of-it.html, 25.02.2012.

[95] Vgl. ebd.

21) Weniger Reklamationen
22) Weniger Absenzen

Schritt 3: Prioritäten setzen

Für die Priorisierung der Zielgruppen wird folgendes Vorgehen vorgeschlagen:

Verteilen Sie insgesamt 100 Punkte auf die Zielgruppen. Je wichtiger eine Zielgruppe für den Erfolg des Unternehmens ist, desto mehr Punkte bekommt sie. Basis für die Punkteverteilung sind die Antworten aus Schritt 2. [96]

Schritt 4: Eine Vergleichsgrösse bestimmen

„Who or what keeps your boss or client up at nitght?" Welches sind die Konkurrenzbedrohungen für Ihr Unternehmen? Wählen Sie aus der unten aufgeführten Liste, mit was Sie sich vergleichen werden.

Vorschläge für mögliche Vergleichsgrössen nach Paine[97]:

- Mitbewerber oder Peer-Unternehmen
- Industrie-Benchmark
- Sich selbst über die Zeit
- Die Resultate vom letzten Jahr
- Die Web- oder Sales-Messdaten vom letzten Quartal

Schritt 5: Das richtige Mess-Tool wählen

Wer das Bewusstsein, die Einstellung oder den Wissensstand der Zielgruppen messen will, sollte eine Onlineumfrage auf Social Media durchführen. Wer die Verkaufszahlen oder Lead-Generierung messen möchte, der sollte die Webseite auswerten und sich mit dem Sales-Team beraten.

Optionen der Mess-Methode nach Paine[98]:

- Gefühlslage
- Share of Voice mit den Mitbewerbern vergleichen
- Share of Discussion mit den Mitbewerbern vergleichen
- Erreichtes Publikum
- Vertrauensgewinn bei wichtigen Vertretern und Meinungsmachern

---

[96] Vgl. Paine Katie Delahaye 2009, What's Important about Social Media Is What Happens because of It, in: http://kdpaine.blogs.com/themeasurementstandard/2009/08/whats-important-about-social-media-is-what-happens-because-of-it.html, 25.02.2012.
[97] Vgl. ebd.
[98] Vgl. ebd.

Wie die Methode von LaPoint[99] fokussiert auch die Methode von Paine das Definieren der Grössen, die gemessen warden sollen. Paine geht allerdings einen Schritt weiter und bietet eine Hilfestellung zur Wahl der richtigen Messmethode an. Allerdings bleibt sie theoretisch, für eine praktische Anwendung müsste das Modell noch deutlich konkretisiert werden.

4.2.3 Aktionen hervorrufen: Volumen, Engagement, Aktivitäten

Ähnlich wie Paine setzt auch Brian Solis den Schwerpunkt auf die Interaktionen, die Social Media auslösen. Er definiert den Einfluss als das Vermögen, gewünschte und messbare Aktionen hervorzurufen. Das Messen von Traffic, Views und Erwähnungen findet Solis nur dann sinnvoll, wenn es hilft, Aktivitäten zu messen, zu monitoren, zu bewerten und die Erkenntnisse umzusetzen. Solis gliedert die die Social Media-Messdaten in folgende Kategorien:

- Volumen
- Engagement
- Aktivitäten

In Abhängigkeit von den individuellen Zielen der Unternehmen kann jede Kombination aus Volumen, Engagement und Aktivitäten als Erfolg definiert werden.[100]

4.2.3.1 Volumen

Das Volumen symbolisiert die Brand-Präsenz, die Frequenz, in der sie erscheint, die Weiterverbreitung und ihre Reichweite im Web. Die folgenden Attribute definieren das Volumen[101]:

- Dialoge: Quantität der Diskussionen und Interaktionen rund um den Brand im Web
- Themen: Brandverwandte Themen ohne direkten Einfluss des Brands
- SEO und SMO: Links zur Website oder den Social Media Channels
- Sentiment: die Wahrnehmung des Brands
- Kundenzufriedenheit
- Publikum: die Grösse der individuellen Communities und Netzwerke

4.2.3.2 Engagement

Einer der wichtigsten Aspekte in Interactive Media ist die Interaktivität. Sie weist darauf hin, dass der Austausch zweiseitig ist. Solis beschreibt Engagement als die Zeit, in der sich Zielgruppen mit dem Brand aus-einandersetzen, entweder individuell, in einer Community oder durch direkte Interaktion. Engagement kann sein[102]:

- Konversationen: direkter Austausch in Zusammenhang mit dem Brand in Form von Kommentaren, Blog Posts, Tweets und Retweets, Wall Posts und Shares

---

[99] Siehe Kapitel 4.2.1.

[100] Vgl. Solis Brian 2011, S. 281.

[101] Vgl. ebd.

[102] Vgl. Solis Brian 2011, S. 282, siehe auch Kap. Glossar.

- Zeit: Die Dauer, in der sich die Zielgruppen mit dem Brand durch Beobachten oder in Interaktion auseinandersetzen
- Social Graph und Beziehungen: Die Grösse und die Form eines Social Networks, gemessen in Qualität und Quantität
- Interaktion: Das Mass, in dem Menschen Inhalte zur Verfügung stellen
- Registrationen: Personen, die sich registrieren
- Kuration: der Prozess des öffentlichen Sharens von Favoriten
- Traffic: Traffic auf Website oder Social Media Channels
- Views: Wie oft wurden die Inhalte auf den Social Media Channels gesehen?
- Shares: das Teilen von Inhalten
- Immersion: Wie tief tauchen die User in die Themen ein?
- Impressions: die Reichweite der Inhalte

4.2.3.3 Conversions / Aktivitäten

Während Volumen und Engagement den Stand der Wahrnehmung und Präsenz des Brands beschreiben, sind Conversions Handlungen von Usern, die den Geschäftsverlauf direkt positiv beeinflussen. Messbar sind in diesem Bereich [103]:

- Conversions: Prozesse, die User ein Stück weiter zur finalen Aktivität bringen, z.B. aus Besuchern Leads machen oder aus Kunden Brand Evangelists
- Click-tourghs: Klicks von sozialen Objekten auf brand-eigenen Websites
- Angebote: individualisierte Angebote via Social Media
- Ratings: Kundenbewertunge.
- Erhöhte Verkaufszahlen: Bewertungen durch bestehende Kunden können den Verkauf ankurbeln
- Datensammlungen und Registrierungen
- Konversationen und Share of Voice
- Sentiment Conversations: Der Akt des Ausdrückens der Gefühlslage gegenüber dem Brand
- Kunden / Akquise / Bindung / Erwähnungen / Loyalität
- Lead-Generierung: Anzahl neuer Interessenten
- Feed-back und Veränderung: Ideen und Feed-back, die zu Veränderungen führen
- Downloads als Gegenleistung für Registrierung, followen, liken
- Neue Märke
- Teilnahme und Mitgliedschaft
- Kostensenkungen oder Kostenvermeidung

Das Modell von Solis ist bereits wesentlich konkreter als die entsprechenden Modelle von LaPoint[104] und Paine[105]. Deshalb ist es praktisch anwendbar, allerdings müssen auch hier noch die konkret

[103] Vgl. Solis Brian 2011, S. 283.

[104] Siehe Kap. 4.2.1.

[105] Siehe Kap. 4.2.2.

messbaren Kennzahlen definiert werden. Zudem sind die Messgrössen so formuliert, dass es sehr viel internes Knowhow benötigt, um diese messen zu können.

4.2.4 Erfolgsmessung nach Oliver Blanchard

Ein ganz anderes Vorgehen befürwortet Oliver Blancard in seinem „Buch Social Media ROI". Unter dem Titel „Best Practice Erfolgsmessung" empfiehlt Oliver Blanchard, eine Liste aus all den Daten zu erstellen, die man in einem individuellen Social Media-Programm messen kann. Dazu sind gute Kenntnisse zum Stand der aktuellen Möglichkeiten der Mess-Tools notwendig. Danach wird unter Berücksichtigung der individuellen Ziele des Unternehmens eine Liste mit allen Kennzahlen erstellt, die gemessen werden sollten. Die Schnittmenge der zwei Listen sind dann die Kennzahlen, auf die der Fokus gelegt werden soll.[106]

4.2.5 Return individuell definieren nach Brian Solis

Während in Kapitel 4.2.3 beschrieben wird, welches Vorgehen Solis zur Messung empfiehlt, widmet sich dieses Kapitel dem Thema Return on Investment aus der Sicht von Solis bzw. der Definition von „Return" im Zusammenhang mit Social Media. Um herauszufinden, welcher Return für ein spezifisches Unternehmen entscheidend ist, empfiehlt Brian Solis, dass Marketingverantwortliche sich zuerst folgende Fragen stellen [107]:

- Was messen wir und weshalb?
- Wie sieht ein Erfolg aus?
- Wie erkennen wir, dass Erfolg eingetreten ist?
- Gibt es wichtige Meilensteine?
- Wer im Unternehmen profitiert sonst noch von der Social Media-Arbeit und wie würde diese Person sinnvollerweise den Erfolg messen?

Brian Solis verweist in diesem Zusammenhang auch auf die Empfehlungen von Don Bartholomew.[108] Dieser gibt Fragen an die Hand, die helfen sollen zu verstehen, was genau die Aufgabe beim Messen von Social Media ist. Hier die Fragen von Don Bartholomew[109]:

- Exposure: Inwiefern konnten Content und Botschaften platziert werden?
- Engagement: Wer interagiert mit unserem Content oder engagiert sich dafür? Wie und wo tut er das?
- Influence: Inwiefern hat die Platzierung und das Engagement die Wahrnehmung und Einstellung beeinflusst?
- Action: Welche Aktionen haben die Zielgruppen als Resultat unserer Aktivitäten unternommen?

---

[106] Vgl. Blanchard Oliver 2012, S. 252.

[107] Vgl. Solis Brian 2011, S. 273.

[108] Vgl. Solis Brian 2011, S. 275.

[109] Vgl. Bartholomew Don 2009, Public Relations Measurement 2010: Five Things to Forget & Five Things to Learn, in: http://metricsman.wordpress.com/2009/07/29/public-relations-measurement-2010-five-things-to-forget-five-things-to-learn, 23.02.2012.

Solis betont, dass wir keinen Erfolg messen können, wenn wir nicht wissen, wie dieser für uns aussieht. Deshalb legt er nahe, sich zuerst seine Ziele zu definieren und dann von diesen rückwärts auf die Kennzahlen zu schliessen, die gemessen warden sollten[110]:

„Start with the results, then work backward: Defining goals and objectives."[111]

Es gibt kein universelles Template, das die Geheimnisse der Social Media-Messung offenbart. Denn die Messmethoden und Kennzahlen sind so unterschiedlich wie die Social Media-Programme und ihre Ziele. Mann kann nicht einfach dieselben Kennzahlen von zwei Unternehmen vergleichen, wenn das eine Unternehmen z.B. Leads generieren und das andere Unternehmen seinen Kundenservice verbessern will.[112]

4.2.6 Kundenbedürfnis statt ROI im Zentrum

Auch Hoffman und Fodor haben sich zum Thema Social Media und ROI Gedanken gemacht. Sie sind der Ansicht, dass effektives Social Media Measurement damit beginnen sollte, den traditionellen ROI-Ansatz auf den Kopf zu stellen. Statt den Fokus auf das eigene Marketing Investment zu legen und den Erfolg in der Kundenreaktion zu messen, sollten Manager die Motivation der Kunden, Social Media zu nutzen, berücksichtigen. Sie sollten messen, wie viel die Kunden in den Brand mit ihrem Engagement investieren. Dieser Ansatz der Erfolgsmessung berücksichtigt auch langfristige Effekte des Corporate Investments in Social Media. Marketingmanager sollten sich überlegen, welche Kundenbedürfnisse z.B. ein Blog befriedigt, weshalb Kunden den Blog besuchen sollten und weshalb sie einen Kommentar schreiben oder den Blog sharen sollten.[113]

Dieses Engagement kann als Investment der Kunden in die Social Media-Aktivitäten des Unternehmens betrachtet werden. Der Return von Social Media wird deshalb nicht nur in Dollar gemessen, sondern auch im Verhalten der Kunden auf Social Media-Plattformen. Dieses Verhalten kann mit den üblichen Kennzahlen gemessen werden. Aus diesen Investmentkennzahlen der Kunden können danach die Schlüssel-Erfolgsmerkmale von Social Media wie Veränderungen in der Wahrnehmung des Brands oder steigende Mundpropaganda gemessen werden. Klassische Medienmessung funktioniert unzureichend, weil sie zu stark auf kurzfristige Erfolge ausgelegt ist und den Beziehungsaufbau zu den Kunden zu wenig stark berücksichtigt.[114]

4.2.6.1 Konsumentenorientiertes Framework

Auf der oben beschriebenen Basis haben Hoffman und Fodor ein Framework entwickelt, das sich an den Motivationen der Konsumenten orientiert, sich an Social Media-Initiativen von Unternehmen zu beteiligen. Ihrer Ansicht nach führen folgende vier Motivationsfaktoren dazu, dass Kunden Social Media nutzen: Verbindung, Kreation, Konsum und Kontrolle. Diese Motivationsfaktoren werden im konsumentenorientierten Framework für Social Media berücksichtigt.[115]

Im ersten Schritt sollten sich Marketingmanager auf die Ziele konzentrieren. Viele Manager drücken

[110] Vgl. Solis Brian 2011, S. 276.

[111] Solis Brian 2011, 276.

[112] Vgl. Solis Brian 2011, S. 276.

[113] Vgl. Hoffman Donna / Fodor Marek 2010, S. 42.

[114] Vgl. ebd.

[115] Vgl. Hoffman Donna / Fodor Marek 2010, S. 45.

die Ziele traditionell aus – wie z.B. die Verkaufszahlen erhöhen oder Kosten senken. Das kann durchaus eine Grundlage für ein Social Media-Programm sein und bei gewissen Kampagnen lässt sich ein direkter Zusammenhang mit dem Gewinn messen. Es ist auch unbestritten, dass Social Media Kosten senken oder die Effizienz steigern kann. Hoffman und Fodor fokussieren aber auf Ziele, die den einzigartigen Charakteristiken von Social Media besser Rechnung tragen, um Wahrnehmung, Engagement und Mundpropaganda zu erzeugen. Die Wahl der richtigen Kennzahlen hängt dabei stark von den Zielen des Social Media-Programms ab. Die drei wichtigsten Ziele von Social Media nach Hoffman sind[116]:

- Brand Awareness
- Brand Engagement
- Word of Mouth

4.2.6.1.1 Brand Awareness

Immer, wenn eine Person eine Social Media-Anwendung von oder über einen Brand benutzt, profitiert das Unternehmen von einer höheren Wahrnehmung des Brandes, die Brand Awareness steigt. Oft geschieht dies in einem sehr relevanten Content. Eine höhere Brand Awareness führt zu einer verstärkten Assoziation in den Köpfen der Konsumenten mit dem Brand. Deshalb ist Brand Awareness eines der Hauptziele von Social Media. Klassisch messen Unternehmen die Brand Awareness, indem sie Klicks tracken oder Umfragen starten. Online gibt es eine Vielzahl an zusätzlichen Möglichkeiten, Brand Awareness zu messen.[117]

4.2.6.1.2 Brand Engagement

Es gibt viele Arten, um Brand Engagement hervorzurufen, der Gewinn dabei kann enorm hoch sein. Social Media-Kampagnen, die Engagement bei den Zielgruppen hervorrufen, können einfach Kommittent bei Kunden erzeugen, Loyalität erhöhen und die Bereitschaft der Kunden erhöhen, sich weiter für den Brand zu engagieren. Traditionell wird Brand Engagement durch Umfragen gemessen. Online können z.B. auch einmalige mit wiederholenden Interaktionen verglichen werden oder aktives Teilnehmen mit passivem Konsumieren von Social Media als Indikatoren von Brand Engagement.[118]

4.2.6.1.3 Word of Mouth

Nachdem Konsumenten auf den Brand aufmerksam wurden (Awareness) und sich im Zusammenhang mit dem Brand engagieren (Engagement), können sie ihre Meinung mit anderen teilen. Zufriedene und loyale Kunden kommunizieren ihre positive Einstellung gegenüber dem Brand oder der brandeigenen Social Media-Plattform an neue Kunden oder Interessenten. Dies kann online oder offline geschehen. Unzufriedene und enttäuschte Kunden können auch ihre negative Einstellung kommunizieren. Klassisch messen Firmen mit Umfragen die Bereitschaft, ein Produkt weiterzuempfehlen. Auf Social Media ist Word of Mouth oft öffentlich und kann deshalb direkt gemessen werden.[119]

---

[116] Vgl. Hoffman Donna / Fodor Marek 2010, S. 45.

[117] Vgl. ebd.

[118] Vgl. Hoffman Donna / Fodor Marek 2010, S. 46.

[119] Vgl. Hoffman Donna / Fodor Marek 2010, S. 46.

4.2.6.2 Social Media-Kennzahlen nach Hoffman

Die Tabelle unten zeigt die nach Hoffman relevanten Kennzahlen für Social Media Reportings. Hoffman gliedert die Kennzahlen nach den Hauptzielen Brand Awareness, Brand Engagement und Word of Mouth.[120]

Tabelle 15: Social Media Kennzahlen nach Hoffman

OCIAL MEDIA APPLICATION	BRAND AWARENESS	BRAND ENGAGEMENT	WORD OF MOUTH
Blogs	**•number of unique visits •number of return visits •number of times bookmarked •search ranking**	•number of members •number of RSS feed subscribers •number of comments •amount of user-generated content •average length of time on site •number of responses to polls, contests, surveys	•number of references to blog in other media (online/offline) •number of reblogs •number of times badge displayed on other sites •number of "likes"
Microblogging (e.g., Twitter)	•number of tweets about the brand •valence of tweets +/– •number of followers	•number of followers •number of @replies	•number of retweets
Cocreation (e.g., NIKEiD)	•number of visits	•number of creation attempts	•number of references to project in other media (online/offline)
Social Bookmarking (e.g., StumbleUpon)	•number of tags	•number of followers	•number of additional taggers
Forums and Discussion Boards (e.g., Google Groups)	•number of page views •number of visits •valence of posted content +/-	•number of relevant topics/threads •number of individual replies •number of sign-ups	•incoming links •citations in other sites •tagging in social bookmarking •offline references to the forum or its members •in private communities: number of pieces of content (photos, discussions, videos);

[120] Vgl. Hoffman Donna / Fodor Marek 2010, S. 44.

			chatter pointing to the community outside of its gates •number of "likes"
Product Reviews (e.g., Amazon)	•number of reviews posted •valence of reviews •number and valence of other users' responses to reviews (+/–) •number of wish list adds •number of times product included in users' lists (i.e., Listmania! on Amazon.com)	•length of reviews •relevance of reviews •valence of other users' ratings of reviews (i.e., how many found particular review helpful) •number of wish list adds •overall number of reviewer rating scores entered •average reviewer rating score	•number of reviews posted •valence of reviews •number and valence of other users' responses to reviews (+/–) •number of references to reviews in other sites •number of visits to review site page •number of times product included in users' lists (i.e., Listmania! on Amazon.com)
Social Networks (e.g., Bebo, Facebook, LinkedIn)	•number of members/fans •number of installs of applications •number of impressions •number of bookmarks •number of reviews/ratings and valence +/–	•number of comments •number of active users •number of "likes" on friends' feeds •number of user-generated items (photos, threads, replies) •usage metrics of applications/ widgets •impressions-to-interactions ratio •rate of activity (how often members personalize profiles, bios, links etc.)	•frequency of appearances in timeline of friends •number of posts on wall •number of reposts/shares •number of responses to friend referral invites
Video and Photosharing (e.g., Flickr,YouTube)	•number of views of video/photo •valence of video/photo ratings +/–	•number of replies •number of page views •number of comments •number of subscribers	•number of embeddings •number of incoming links •number of references in mock-ups or derived work •number of times republished in other social media and offline •number of "likes"

Quelle: Hoffman Donna / Fodor Marek 2010, S. 44

Der Fokus soll auf die Motivation der User gelegt werden, weshalb Manager Social Media-Applikationen nutzen sollen, statt mit der Frage zu beginnen, welcher Social Media Channel der richtig ist. Hoffman meint, dass auf den ersten Blick sehr unterschiedliche Applikationen ziemlich ähnlich funktionieren können, wenn den Benutzern die gleiche Motivation zu Grunde liegt, diese zu nutzen. Diese Erkenntnis vereinfacht laut Hoffman das Kreieren von Social Media-Kampagnen deutlich und führt zu Kampagnen, die sich besser an das Onlineverhalten der User anpassen.[121]

Das Modell von Hoffman und Fodor bietet als einziges der beschriebenen Modelle konkrete Kennzahlen, die direkt gemessen werden können. Es kann deshalb direkt in die Praxis umgesetzt werden, ohne dass es konkretisiert oder weiterentwickelt werden muss. Allerdings ist die Anwendung dieser Methode sehr umfangreich und deshalb aufwändig. Zudem deckt es wichtige Nutzen von Social Media ungenügend ab. Mehr über die Vor- und Nachteile dieses Modell, bezogen auf diese Studie, ist im Kapitel 3.1.2 zu finden.

4.2.7 Guideline Social Media Analysis nach Owyang / Lovett

Owyang und Lovett betrachten die aktuelle Situation von Social Media Analytics in der Praxis und kommen zu dem Schluss, dass bisher noch keine komplette Social Media-Analysislösung existiert. Keiner der Anbieter von Social Media Analytics-Tools kann alle Aspekte von Social Media messen. Deshalb muss nach wie vor manuell kombiniert werden. Dafür stellen Owyang und Lovett ein Guideline zur Verfügung[122]:

Schritt 1: Traditionelles überdenken, um innovativ zu sein.

Bloss traditionelle Daten zu sammeln, führt direkt in Desaster. Unternehmen, die eine Social Media-Mess-Strategie verfolgen und Erfolgskennwerte an den Unternehmenszielen ausrichten, werden sich deutlich schneller entwickeln. Und Unternehmen, die den Einfluss ihrerSocial Media-Initiativen nicht richtig messen, werden den Kontakt zu ihren Kunden verlieren.[123]

Schritt 2: Das Lernen zum ersten Ziel machen

Jedes messbare Unternehmensziel gibt uns die Möglichkeit, mehr über die Kunden und ihr Verhalten zu lernen. Wenn Lernen und ständige Verbesserung die höchsten Ziele sind, werden sich die Social Media-Aktivitäten in eine positive Richtung bewegen.[124]

Schritt 3: Zuerst die Anforderungen definieren, dann den Anbieter wählen

Organisationen benötigen eine definierte Messstrategie für ihre Social Media-Aktivitäten, die klare Ziele festlegt. Dazu muss man wissen, wohin man sich entwickeln will und wie man das angeht. Der Anbieter von Messsoftware muss die dazu benötigten Kennzahlen liefern können und darf nicht einfach sein standardisiertes Messprogramm aufzwingen.[125]

---

[121] Vgl. Hoffman Donna / Fodor Marek 2010, S. 44.

[122] Vgl. Owyang Jeremiah / Lovett John 2012, Altimeter Report: Social Marketing Analytics, in: http://www.slideshare.net/jeremiah_owyang/altimeter-report-social-marketing-analytics?from=embed, 29.02.2012.

[123] Vgl. Owyang Jeremiah / Lovett John 2012, Altimeter Report: Social Marketing Analytics, in: http://www.slideshare.net/jeremiah_owyang/altimeter-report-social-marketing-analytics?from=embed, 29.02.2012.

[124] Vgl. ebd.

[125] Vgl. ebd.

Schritt 4: Das Social-Media-Messdrehbuch entwickeln

Wenn Ziele und Messstrategie geklärt sind, gilt es, die Messungen anhand eines Messdrehbuchs durchzuführen. Die Basis des Drehbuchs sind die Ziele, Erwartungen und Aktionen des Social Media-Programms.[126]

Schritt 5: Ein eigenes Mess-Framework entwickeln

Es empfiehlt sich, bestehende Frameworks zu übernehmen und sie seinen spezifischen Bedürfnissen anzupassen. Das eigene, auf die individuellen Ziele ausgerichtete Framework erlaubt es Unternehmen, den Erfolg ihrer Social Media-Initiativen zu messen, zu bewerten und zu erklären.[127]

4.2.8 Mess-Framework nach Owyang / Lovett

Auch Owyang und Lovett stellen ein Framework zur Verfügung. Ihr Vorschlag beruht auf den folgenden Zielen:

- Dialog fördern
- Befürwortung fördern
- Support erleichtern
- Innovation anspornen

Das Framework schlüsselt diese Ziele in Key Performance Indicators auf und macht Vorschläge, mit welchen Tools die entsprechenden Kennzahlen gemessen werden können.[128]

---

[126] Vgl. ebd.

[127] Vgl. ebd.

[128] Vgl. Owyang Jeremiah / Lovett John 2012, Altimeter Report: Social Marketing Analytics, in: http://www.slideshare.net/jeremiah_owyang/altimeter-report-social-marketing-analytics?from=embed, 29.02.2012.

Business Objective	Key Performance Indicator	Vendors to Watch
Foster Dialog	Share of Voice	Alterian SM2, Radian6, Scout Labs, Statsit, Trendrr, Visible Technologies
	Audience Engagement	Coremetrics, Webtrends, Radian6, Scout Labs, Converseon, Filtrbox (Jive), Visible Technologies
	Conversation Reach	Alterian SM2, Radian6, Scout Labs, Social Radar, Statsit, SWIX, Trendrr, Visible Technologies
Promote Advocacy	Active Advocates	Biz360, Filtrbox (Jive), Radian6
	Advocate Influence	Cymfony, Filtrbox (Jive), Lithium, Radian6, Razorfish (SIM Score), SAS, Telligent, Twitalyzer, Visible Technologies
	Advocacy Impact	Coremetrics, Lithium, Omniture, Webtrends, SWIX, Telligent
Facilitate Support	Resolution Rate	Filtrbox (Jive), RightNow Technologies, Salesforce.com, Telligent
	Resolution Time	Filtrbox (Jive), RightNow Technologies, Salesforce.com, Telligent
	Satisfaction Score	ForeSee Results, iPerceptions, Kampyle, OpinionLab
Spur Innovation	Topic Trends	Alterian SM2, Cymfony, Filtrbox (Jive), Radian6, SAS, Scout Labs, Social Mention, Social Radar, Trendrr, Visible Technologies
	Sentiment Ratio	Alterian SM2, Converseon, Cymfony, Filtrbox (Jive), Radian6, SAS, Scout Labs, Social Radar, Trendrr, Visible Technologies
	Idea Impact	Biz360, Cymfony, Filtrbox (Jive), LugIron, Radian6, Scout Labs, Visible Technologies

Abbildung 2: Mess-Framework nach Owyang / Lovett

Quelle: Owyang Jeremiah / Lovett John 2012, Altimeter Report: Social Marketing Analytics, in: http://www.slideshare.net/jeremiah_owyang/altimeter-report-social-marketing-analytics?from=embed, 29.02.2012.

4.3 Berechnung der Kennzahlen nach Owyang / Lovett

Mit dieser Ergänzung von Owyang / Lovett lässt sich die Lücke zwischen dem in Kapitel 4.2 beschriebenen Modell und der praktischen Umsetzung schliessen. Nachdem im Kapitel 4.2 beschrieben ist, wie die entscheidenden Messgrössen individuell pro Unternehmen festgelegt werden können, beschreiben Owyang / Lovett, wie diese Messgrössen aus konkreten Kennzahlen zusammengesetzt sind. Allerdings verwenden Owyang / Lovett eine etwas andere Terminologie und verfolgen einen praxisorientierteren Ansatz als die im Kapitel 4.2 beschriebenen Modelle.

4.3.1 Dialog fördern

Die Förderung des Dialogs mit den Zielgruppen lässt sich anhand der KPIs Share of Voice, Audience Engagement und Conversion Reach messen. Berechnet werden die Zahlen nach Owyang / Lovett wie folgt[129]:

- Share of Voice = Brand Mentions : Total Mentions (Brand + Competitor A, B, C...n)
- Engagement des Publikums = Comments + Shares + Trackbacks : Total Views
- Reichweite der Konversation = Total People Participating : Total Audience Exposure

4.3.2 Befürwortung fördern

Die Befürwortung lässt sich wie folgt berechnen[130]:

- Prozentsatz der aktiven Befürwortern = Number of Acitve Advocates (within 30 days): Total Advocates
- Einfluss der Befürworter: Unique Advocate's Influence: Total Advocate Influence
- Auswirkung der Befürwortung = Number of Davocacy Driven Conversions: Total Volume of Advocacy Traffic

4.3.3 Support erleichtern

Die Erleichterung des Supports lässt sich anhand der KPIs Issue-Lösungsrate, Lösungsdauer und des Zufriedenheitsgrads messen. Berechnet werden die Zahlen nach Owyang und Lovett wie folgt [131]:

- Issue-Lösungsrate = Total Number of Issues Resolved Satisfactorily : Total Number of Service Issues
- Lösungsdauer : Total Inquiry Response Time : Total Number of Service Inquiries
- Zufriedenheitsgrad = Customer Feedback (input A, B, C...n): All Customer Feedback

4.3.4 Innovation anspornen

Ein Ansporn der Innovation lässt sich anhand der KPIs Themen Trends, Ideeneinfluss und Gefühlslagenwert messen. Berechnet werden die Zahlen nach Owyang und Lovett wie folgt[132]:

- Themen Trends = Number of Specific Topic Mentions : All Topic Mentions
- Gefühlslagenwert = (positive / neutrale / negative Brand Mentions) : All Brand Mentions
- Ideeneinfluss = Number of Positive Conversations, Shares, Mentions : Total Idea Conversations, Shares, Mentions

---

[129] Vgl. Owyang Jeremiah / Lovett John 2012, Altimeter Report: Social Marketing Analytics, in: http://www.slideshare.net/jeremiah_owyang/altimeter-report-social-marketing-analytics?from=embed, 29.02.2012.

[130] Vgl. Owyang Jeremiah / Lovett John 2012, Altimeter Report: Social Marketing Analytics, in: http://www.slideshare.net/jeremiah_owyang/altimeter-report-social-marketing-analytics?from=embed, 29.02.2012.

[131] Vgl. ebd.

[132] Vgl. ebd.

4.4 Zuerst managen, dann messen

Nair sagt, Social Media Manager sollten ihre Aktivitäten nicht von Beginn an nach dem monetären Wert hinterfragen. Schliesslich fragt man auch nicht nach dem Wert eines Telefongesprächs, man weiss einfach, dass es notwendig ist.[133]

Der ROI von Social Media[134] kann experimentell bei Kampagnen gemessen werden, das ist aber nur ein Ausschnitt aus Social Media. Unternehmen sollten Social Media zuerst managen, dann messen. Das ultimative Resultat ist die Mundpropaganda. Alle Marketingbemühungen führen zu einer entscheidenden Frage: Empfehlen Leute die Produkte oder den Brand, sprechen sie positive darüber?[135]

Wenn Unternehmen ihr Mitmachen bei Social Media als neue Kompetenz und die Social Media-Portale als Plattformen des Dialoges (Verkauf erst danach) betrachten, dann wird klar, warum man nicht mit dem Messen von Verkaufszahlen beginnen kann. Dann kann man die Balance Scorecard als Möglichkeit hinzuziehen, um den Social Media Effort zu managen und operierbar zu machen. Sie hilft, die Social Media-Strategie zu verstehen:[136]

- Kunden: Was ist die „Unique Prepostiton", die Sie anbieten? Welches ist Ihre Stimme und wen bedienen Sie?
- Finanziell: Welches ist Ihr Investment Approach? Wie messen Sie den Return?
- Intern: Welche internen Prozesse sollen angepasst werden?
- Lernen und Wachsen: Welchen neuen Kompetenzen erlernen Sie und was können Sie damit anfangen?

Bauen wir uns mit der Social Media-Strategie interne Kompetenzen auf, die zu Kundenakquise führen oder zu verbessertem Kundenservice? Profitieren wir finanziell genug davon, dass dies die nötigen Investitionen rechtfertigt. Mit diesem Ansatz können Social Media Manager die Resultate Ihres Social Media-Programms monitoren, managen und – sobald Sie Fortschritte erzielt haben – auch messen.[137]

4.5 Nutzen-Evaluation und ROI

In der Praxis taucht immer wieder die Frage nach dem Return on Investment (ROI) im Zusammenhang mit Social Media-Aktivitäten auf. Der ROI ist zwar nicht Gegenstand dieser Studie[138], er ist aber sehr nahe mit dem Thema der Studie, dem Nutzenpotenzial von Social Media, verwandt.

---

[133] Vgl. Nair Mohan 2011, S. 45

[134] Siehe auch Kap. 4.5 und Kap. 4.2.6

[135] Vgl. Nair Mohan 2011, S. 45

[136] Vgl. ebd.

[137] Vgl. Nair Mohan 2011, S. 48

[138] Siehe Kap. 2.2.3

4.5.1 Social Media ROI

Oliver Blanchard beschreibt den ROI in seinem Buch Social Media ROI als Resultat einer rein mathematischen Rechnung mit Geldbeträgen. Diese Rechnungen können folgendermassen lauten:

ROI = (Investitionsertag - Investitionsaufwand) : Investitionsaufwand.

Oder um einen Geldbetrag zu erhalten, auch: ROI = (Investitionsertag – Investitionsaufwand).

Der ROI ist also entweder ein Verhältnis aus zwei Geldbeträgen, der auch in Prozentzahlen ausgedrückt werden kann, oder der ROI ist selbst ein Geldbetrag. Die Einheit der Geldbeträge muss dabei immer gleich sein, z.B. Dollars.[139]

Damit will Blanchard verdeutlichen, dass der ROI von Social Media-Programmen nicht in Medienkennziffern angegeben werden kann. Also können z.B. 10.000 Klicks auf eine Website oder 3.000 Twitter-Follower nicht der ROI einer Kampagne sein, in die ein Geldbetrag investiert wurde. Blanchard zielt also auf die materiellen Auswirkungen von Social Media-Programmen ab, um den ROI berechnen zu können. Eine Vorstufe der materielle Auswirkungen sind die immateriellen Auswirkungen, wie in Abbildung 3 dargestellt[140]:

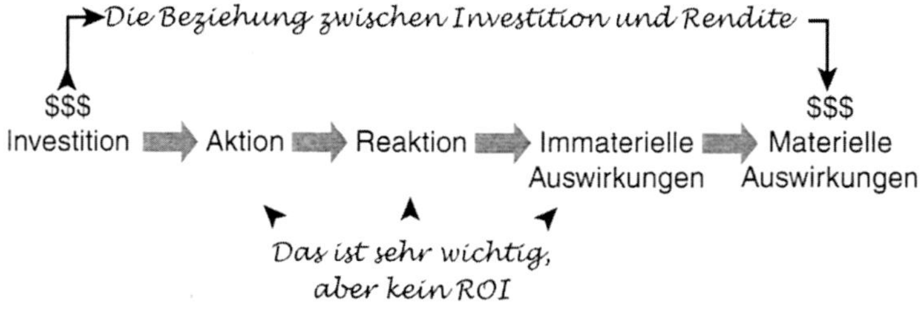

Abbildung 3: Die Beziehung zwischen Investition und Rendite

Quelle: Blanchard, 2012, Seite 279

4.5.2 Abgrenzung von Nutzen zu ROI

Im Gegensatz zur ROI-Berechnung nach Blanchard[141] beschränkt sich diese Studie auf die immateriellen Auswirkungen von Social Media.[142] Im Fokus steht dabei die Erreichung der Ziele der Unternehmen in den einzelnen Bereichen, in denen Social Media eingesetzt wird.[143] So sollt zum Beispiel aus Marketing- und Kommunikationssicht untersucht werden, welchen Einfluss die Social Media-Aktivitäten auf die Wahrnehmung einer Marke bei entsprechenden Zielgruppen hat. Welchen finanziellen Impact eine Veränderung bei dieser und den anderen wichtigen Kennzahlen hat, wird in dieser Studie nicht untersucht.

---

[139] Vgl. Blanchard Oliver 2012, S. 273.

[140] Vgl. Blanchard Oliver 2012, S. 279.

[141] Blanchard Oliver 2012, S. 273.

[142] Siehe Kap. 2.2.3.

[143] Siehe Kap. 2.1.

4.5.3 Alternativer ROI-Ansatz von Brain Solis

Brian Solis ist der Ansicht, dass die klassische Formel für ROI ((Investitionsertrag - Investitionsaufwand) : Investitionsaufwand) auch mit den neuen Medien funktioniert. Im Gegensatz zu Blanchard sieht Solis den ROI weit weniger auf rein finanzielle Grössen reduziert. Er geht sogar noch einen Schritt weiter und ergänzt den „Return on"-Ansatz, indem er „Investment" durch andere Grössen ersetzt, die er ebenfalls als erstrebenswert erachtet[144]:

Return on Participation, Return on Engagement oder Return on Involvement: Die Bewertung von Aktivitäten, Reaktionen und Resultaten, die durch direkte Interaktion oder andere soziale Social Media-Anwendungen entstanden sind.[145]

Return on Experience: Die Analyse von Effekten, die durch das Erleben von Ästhetik, Engagement und Wörtern entstanden sind.[146]

Return on Influence: Die Untersuchung der Beeinflussung von Communities und deren Verhalten.[147]

4.6 Reporting-Resultate nutzen

Das Reporting alleine bringt den Unternehmen noch nicht viel. Entscheidend ist, wie die Erkenntnisse aus dem Reporting in die weiteren Social Media-Aktivitäten einfliessen. Social Media Manager sollten laut Hoffman bemüht sein, sich weg von Fuzzy-Messungen hin zu klar quantifizierbaren Messzahlen zu bewegen. So erhalten Manager die Möglichkeit zu verstehen, welche Social Media-Aktivitäten funktionieren und welche nicht. Damit können sie den Erfolg erhöhen.[148]

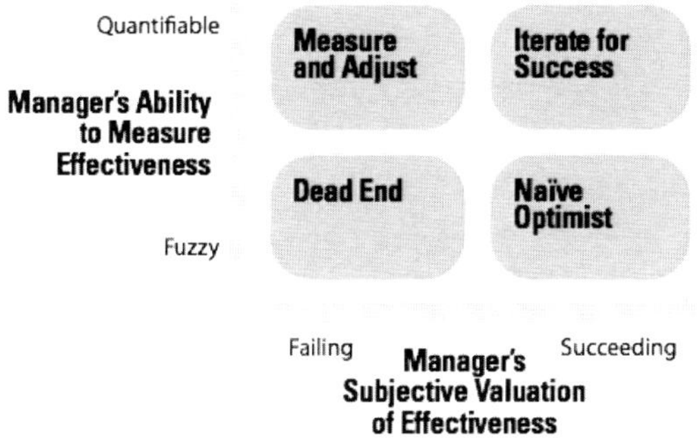

Abbildung 4: Stratecic Options for Social Media Measurement

Quelle: Hoffman Donna / Fodor Marek (2010), S. 47

---

[144] Vgl. Solis Brian 2011, S. 273.

[145] Vgl. Solis Brian 2011, S. 273.

[146] Vgl. ebd.

[147] Vgl.ebd.

[148] Vgl. Hoffman Donna / Fodor Marek 2010, S. 47 und Kap. 5.5.

Grundsätzlich lassen sich folgende vier Situationen unterscheiden, in denen sich Social Media Manager befinden können:

4.6.1 Dead End

Der Manager hat wenige Möglichkeiten, den Erfolg zu messen und er vermutet, dass sein Effort wenig erfolgreich ist. Die Situation trifft oft zu, wenn nach der Methode „Wirf alles an die Wand und schaue, was kleben bleibt" vorgegangen wird. Weil das Vertrauen in den Erfolg klein ist und die Messungen keine grosse Hilfestellung bieten, führt dieses Szenario in der Regel zur Einstellung des Programms.[149]

4.6.2 Measure and Adjust (Messen und Nachbessern)

In diesem Szenario kann der Manager anhand der aussagekräftigen Messresultate sehen, dass der Erfolg klein ist. Im Gegensatz zum Dead End-Szenario findet er dank der Messung schnell Ideen, weshalb das Programm nicht funktioniert. Also kann er nachbessern.

4.6.3 Iterieren zum Erfolg

In diesem Szenario geben verlässliche Messzahlen Grund zur Annahme, dass das Programm erfolgreich verläuft. Mit kontinuierlichem Messen kann der Manager zu noch mehr Erfolg iterieren.

4.6.4 Naiver Optimismus

Es gibt zwei Möglichkeiten, sich vom naiven Optimismus in Richtung „Iterieren zum Erfolg" zu bewegen und eine in Richtung „Dead End". Wenn der Manager sich zu passiv verhält, rutscht er schnell in das Dead End-Szenario. Oder der Manager beginnt, den Effort zu messen und entdeckt, dass noch nicht alles optimal läuft, und kann entsprechend nachbessern. Oder aber er misst und kommt zu dem Schluss, dass bereits alles sehr gut läuft.

---

[149] Vgl. Hoffman Donna / Fodor Marek 2010, S. 48.

5 Praktischer Teil / Ergebnisse

In diesem Kapitel werden die Ergebnisse aus der Studie analysiert und ausgewertet, um eine Aussage zu den in Kapitel 2.1 als Zielsetzung definierten Fragestellungen machen zu können.

5.1 Messbarer Nutzen

Wie im Kapitel 2.1.1 beschrieben, wird für jedes Unternehmen erfasst, welcher Nutzen durch seine Social Media-Aktivitäten gemessen werden kann. Dieser Teil berücksichtigt die individuellen Ziele und das Vorgehen des Unternehmens nicht. Hier wird zusammengefasst, welche der allgemein erwünschten Effekte von Social Media in diesen Unternehmen eintreten und welche nicht.

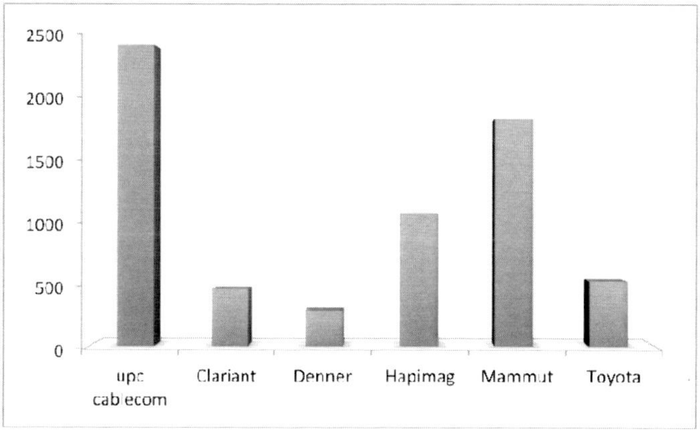

Abbildung 5: Gemessener Nutzen von Social Media in Punkten

Quelle: Eigene Aufbereitung

Die meisten Punkte erhielt upc cablecom. Dies ist besonders darauf zurückzuführen, dass dieses Unternehmen als einziges über einen Onlineshop verfügt und deshalb nur dort ein direkter Sales-Nutzen gemessen werden konnte. Mammut an zweiter Stelle bedient viele Kanäle, auf denen sehr viel Interaktion stattfindet. Auch Hapimag hat einen relativ starken Facebook-Auftritt und verhältnismässig viele Views auf YouTube. Das Denner an letzter Stelle liegt, hängt damit zusammen, dass der Discounter nur mit einem Kanal, Facebook, punkten konnte.

5.1.1 Nutzenanalyse upc cablecom

5.1.1.1 Überblick

Diese Abbildung zeigt den Score von maximal 100 Punkten, den das Unternehmen in den einzelnen Teilbereichen erreicht.

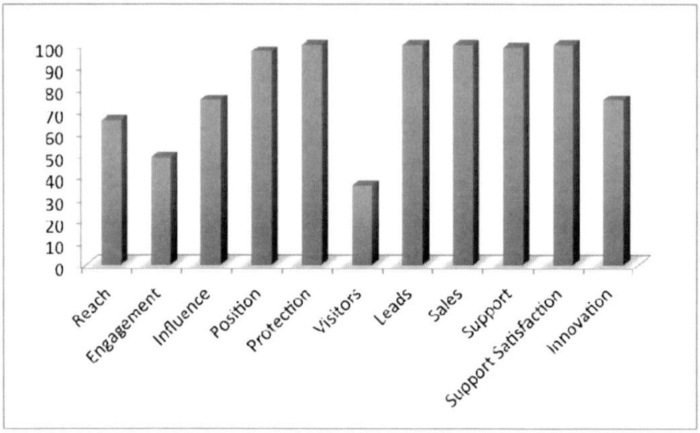

Abbildung 6: Scores-Teilbereiche upc cablecom

Quelle: Eigene Aufbereitung

5.1.1.2 Massnahmen und Schwerpunkte

Upc cablecom betreibt keinen eigene Facebook-Seite. Der Schwerpunkt liegt eher bei Twitter, diesen Kanal bewirtschaftet upc cablecom mit zwei eigenen Accounts. Der Account „upc cablecom care" (@upcch_care) richtet sich an Kunden für Supportanfragen und Kundenanliegen und „upc cablecom media" (@upcch_media) richtet sich an Medienschaffende und wird demgemäss mit relevanten Informationen für die Medien bespielt.

Zudem betreut upc cablecom eine eigene Support Community auf seiner Website. Dort helfen sich Kunden gegenseitig bei Fragen rund um die Produkte und Dienstleistungen von Upc cablecom. Diese Community wird von Upc cablecom betreut und aktiv gefördert.

Zudem betreibt upc cablecom zwei eigene YouTube Channels. Der Channel „upc cablecom support" richtet sich an Kunden und enthält Videos, die die Produkte von Upc cablecom zu Supportzwecken technisch erklären. Der Channel „upc cablecom TV Spots" richtet sich an die breite Öffentlichkeit und zeigt ausschliesslich TV Spots von Upc cablecom in mehreren Sprachen.

5.1.1.3 Marketing & Communications

Mit den beiden Twitter Accounts und insgesamt 1738 Followers erreicht Upc cablecom t 107412 Impressions. Der Blog bzw. die Support Community hat 1195 Subscribers und erzielt 165505 unic Impressions. Auf den beiden beschriebenen YouTube Channels hat Upc cablecom total 40 Followers, erreichte aber bisher insgesamt 268798 Views.

Die 111 Tweets von Upc cablecom wurden 26-mal geshared und 7-mal haben User auf Favorised geklickt. Auf Youtube hat Upc cablecom im untersuchten Zeitraum keine neuen Videos hochgeladen und konnte somit auch kein auf neuen Videos basierendes Engagement hervorrufen.

In diesem Reporting nicht klar ersichtlich ist das Engagement, das die Support Community hervorgerufen hat. Der Autor vermutet hier ein sehr hohes Engagement von Kunden, diese nehmen sich viel Zeit, um anderen Kunden zu helfen. Als Motivation vermutet der Autor einen Prestigegewinn als Upc cablecom-Spezialist. Um dieses Engagement angemessen zu erfassen, müssten andere Methoden angewendet werden, als die in dieser Studie verwendete. Erschwerend ist dabei, dass nicht immer klar ist, ob die kommentierenden User Upc cablecom-Mitarbeiter sind oder nicht und ob ihr Engagement Teil ihrer Aufgabe ist oder ob es auf Freiwilligkeit beruht. Damit die Vergleichbarkeit gewährleistet bleibt, kann für dieses Portal jedoch keine separate Methode eingeführt werden.

Der Share of Voice auf Twitter im Vergleich mit Swisscom und Sunrise liegt bei 13 %. Auf den Blogs erhält Upc cablecom einen leicht höheren Anteil von 17 %. Deutlich höher ist der Share of Voice auf YouTube mit 28 %.

Von allen Tweets waren 97 % positiv oder neutral, nur 3 % waren negativ.

5.1.1.4 Sales

Upc cablecom ist das einzige Unternehmen der Studie, das einen Webshop betreibt. Deshalb kann upc upc cablecom die meisten Kennzahlen im Bereich messen. Twitter bringt jedoch mit nur acht Usern so wenig Traffic auf die Webseite, dass alle weiteren Kennzahlenmesungen zu diesem Traffic gleich null und somit nicht mehr interessant sind. Das Forum bzw. die Support Community kann keinen Traffic auf die Webseite bringen, weil es sich bereits dort befindet. YouTube bringt mit 29 Usern auch keine grosse und relevante Zahl an Usern auf die Webseite und auch bei diesen Usern konnten keine weiteren Aktivitäten gemessen werden.

Im Webshop ist upc cablecom nicht auf Leads, sondern auf Bestellungen aus. Von den Usern, die das Forum besuchten, haben danach 0.17 % im Webshop etwas bestellt, was 11 Bestellungen im untersuchten Zeitraum entspricht. Diese Bestellungen haben insgesamt zu einem Umsatz von SFR 601.- geführt, was einem Umsatz pro Bestellung von Usern, die vom Forum kommen, von SFR 52.- entspricht.

5.1.1.5 Innovation & Support

Auf Twitter sind im untersuchten Zeitraum 63 Supportanfragen eingegangen. Davon konnten auf den ersten Blick 94 % gelöst werden. Allerdings weist der Autor dieser Studie darauf hin, dass es nicht immer klar ist, ob eine Anfrage gelöst werden konnte oder nicht. Als gelöst wird hier jede Anfrage gezählt, auf die ein Lösungsvorschlag gemacht wurde und darauf eine positive oder keine Antwort folgte. Die gleichen Kriterien wurden auch bei der Support Community angewendet. Dort konnten von den 61 Supportanfragen jedoch nur 52 % als gelöst gezählt werden.

Der Share of Channels liegt bei allen Kanälen unter einem Prozent. Dieser tiefe Wert hängt mit den vielen telefonischen Kontakten zu Kunden zusammen.

5.1.2 Nutzenanalyse Clariant

5.1.2.1 Überblick

Diese Abbildung zeigt den Score von maximal 100 Punkten, den das Unternehmen in den einzelnen Teilbereichen erreicht.

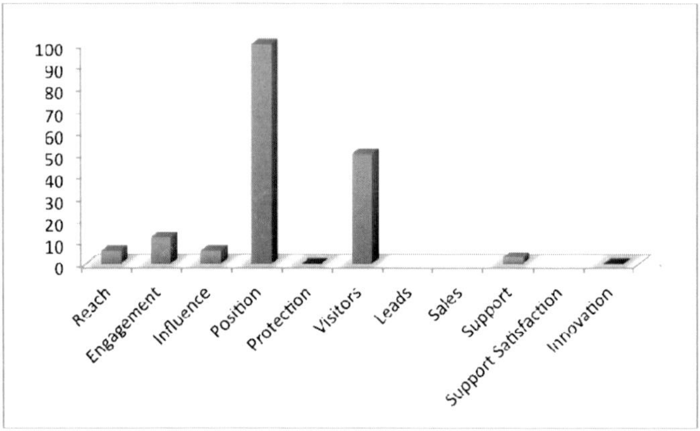

Abbildung 7: Scores-Teilbereiche Clariant

Quelle: Eigene Aufbereitung

5.1.2.2 Massnahmen und Schwerpunkte

Hauptsächlich betreibt Clariant mehrere Twitter Accounts (@clariant, @clariantOilSvcs, @crop_clariant, @clariant_ICS). Die weiteren Kennzahlen in dieser Studie beziehen sich ausschliesslich auf den Account @clariant, weil dieser für Clariant in der Schweiz der wichtigste ist. Clariant hat auch einen Facebook Account reserviert, der zwar immerhin 1748 Likers zählt, aber von Clariant noch nicht aktiv bearbeitet wird.

5.1.2.3 Marketing & Communications

Clariant hat auf Facebook 1748 Likers, obwohl das Unternehmen die Seite gar nicht aktiv bewirtschaftet. Aufgrund der fehlenden Bewirtschaftung erreicht Clariant auf Facebook nur 3426 Impressions mit 1748 Likern, was ein eher tiefes Verhältnis an Impressions pro Liker ist.

Auf Twitter hingegen ist Clariant aktiv und erreicht in der Untersuchungszeit mit 468 Followers immerhin 4208 Impressions. Dafür sorgen die 16 eigenen Tweets, die insgesamt immerhin 10-mal geshared wurden.

Auch im Bereich Influence liegt der Fokus auf Twitter. Mit den Microblogs erreicht Clariant in der Schweiz einen Share of Voice von über 50 % und übertrumpft auf Twitter sogar den Branchendominator Lanxess. Auf Facebook hingegen ist Clariant Lanxess weit unterlegen und erreicht knapp 10 % des Shares of Voice. Offensichtlich priorisiert Lanxess die Kanäle anders als Clariant.

5.1.2.4 Sales

Im Bereich Sales erreicht Clariant mit ihren Social Media-Aktivitäten keinen nennenswerten und messbaren Nutzen. Sales ist auch kein direktes Social Media-Ziel von Clariant, es wird auch kein Webshop betrieben.

5.1.2.5 Innovation & Support

In den Social Media-Zielen von Clariant könnte mit „state-of-the art and an industry leading social media presence" auch Support & Innovation enthalten sein. Auf Twitter gab es zwar keine Support-anfragen oder innovative Ideen, aber auf dem Facebook-Channel von Clariant blieben drei Anfragen unbeantwortet.

5.1.3 Nutzenanalyse Denner

5.1.3.1 Überblick

Diese Abbildung zeigt den Score von maximal 100 Punkten, den das Unternehmen in den einzelnen Teilbereichen erreicht.

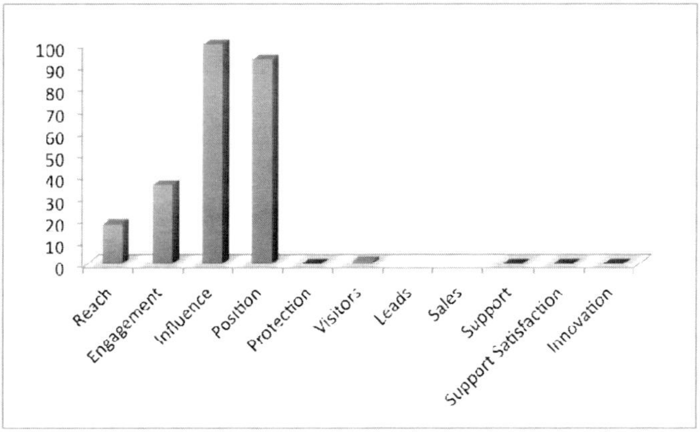

Abbildung 8: Scores-Teilbereiche Denner

Quelle: Eigene Aufbereitung

5.1.3.2 Massnahmen und Schwerpunkte

Zurzeit der Untersuchung betreut Denner aktiv nur das Portal Facebook.

5.1.3.3 Marketing und Communications

Denner hat über 30'000 Likers, die alle organisch zusammengekommen sind, ohne dass Denner viel dazu beitragen musste. Die Reichweite ist dank den vielen Likern hoch, die Likers sind aber nicht sehr aktiv, deshalb wird das Potenzial bei Weitem nicht ausgenutzt.

Unter den Discountern ist Denner in Facebook sehr überlegen, da die wichtigsten Mitbewerber Aldi Schweiz und Lidl Schweiz bei auf Facebook nicht aktiv sind.

Die Feed-backs und Kommentare der Likers sind überwiegend positiv, Issues oder Krisen zeichneten sich im untersuchten Zeitraum nicht ab.

5.1.3.4 Sales

Aufgrund der mangelnden Verlinkung auf Facebook kam kaum Traffic auf dem Online-Wineshop zu Stande, entsprechend ist der Nutzen im Bereich Sales praktisch null. Die Zurückhaltung von Denner bei der Promotion des Wineshops hat unter anderen diese beiden Gründe: Erstens ist Denner bezüglich der rechtlichen Lage verunsichert und weiss nicht genau, ob Werbung für alkoholische Produkte auf Facebook erlaubt ist oder nicht. Zweitens sind die Likers von Denner relativ jung und passen deshalb nicht in die Zielgruppe des Wineshops.

5.1.3.5 Innovation & Support

Im untersuchten Zeitraum sind keine Supportanfragen oder Ideen von Likern aufgetaucht, deshalb lässt sich nicht beurteilen, ob Denner in diesen Fällen adäquat reagiert. Klar ist, dass Denner Facebook strategisch nicht für Support oder als Innovationstreiber einsetzt.

5.1.4 Nutzenanalyse Hapimag

5.1.4.1 Überblick

Diese Abbildung zeigt den Score von maximal 100 Punkten, den das Unternehmen in den einzelnen Teilbereichen erreicht.

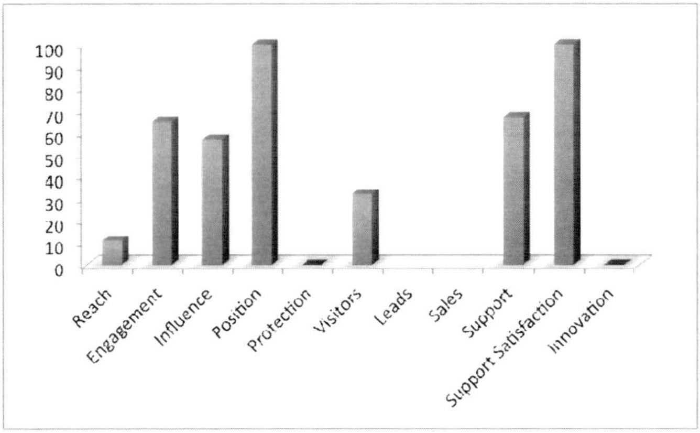

Abbildung 9: Scores-Teilbereiche Hapimag

Quelle: Eigene Aufbereitung

5.1.4.2 Massnahmen und Schwerpunkte

Hapimag stellt Facebook in das Zentrum ihrer Social Media-Aktivitäten. Zwar hat Hapimag auch einen Twitter Account, den sie aber nicht aktiv bedient. Eine aktivere Bewirtschaftung dieses Kanals ist in Planung. Den YouTube-Kanal bespielt Hapimag relativ regelmässig mit neuen Videos, die aber nicht speziell für YouTube produziert werden und Hapimag betreibt auch kein aktives Community Building auf Youtube. Einen eigenen Blog oder ein Forum hat Hapimag nicht, Hapimag beteiligt sich aber an Diskussionen auf externen Portalen. Wichtig für Hapimag sind auch Bewertungsportale wie z.B. HolidayCheck.com oder Tripadvisor, die Hapimag aktiv fördert. Diese Portale werden in dieser Studie jedoch nicht berücksichtigt.

5.1.4.3 Marketing & Communications

Hapimag erreicht mit 14276 Likers 188318 Impressionen auf Facebook. Auf Twitter hat Hapimag 162 Followers und Hapimag erreicht auf Twitter 51464 Impressions.

Auf YouTube hat Hapimag 38 Subscribers und bisher insgesamt 82571 Views. Die relativ hohe Zahl der Views kommt auch dadurch zu Stande, dass Hapimag die meisten Videos auf ihrer Webseite auf YouTube hostet. Jedes Mal, wenn jemand ein solches Video auf der Webseite www.hapimag.com anschaut wird, zählt es bei der Anzahl Views eine Zahl höher, auch wenn der Benutzer gar nicht auf dem Portal von YouTube selber war.

Mit 11 eigenen Posts auf Facebook erreichte Hapimag, dass 252 Personen darüber sprachen. Bei 14276 Likers ist da das Potenzial sicher nicht voll ausgeschöpft. Da Twitter von Hapimag nicht aktiv bedient wird, kam auch kein Engagement zu Stande. Auf YouTube wurden die Videos durchschnittlich 523-mal angeschaut.

Hapimag ist nicht der dominante Player im Web. Auf Facebook erhält Hapimag etwa 10 % Share of Voice, während der Club Med den Rest fast alleine hält, da der Marriott Vacation Club auf sehr tiefe Zahlen kommt. Allerdings hält der Autor einen Fehler in den Messresultaten für möglich, da https://www.facebook.com/MarriottVacationClub zur Zeit der Untersuchung nicht funktionierte.

Auf Twitter dominiert der Marriott Vacation Club deutlich mit 91 % Share of Voice vor dem Club Med mit 7 % und Hapimag mit 2 %.

Auf YouTube erhält Hapimag immerhin 22 % des Shares of Voice.

Im Bereich Position ist festzustellen, dass praktisch sämtliche Meldungen positiv oder neutral waren. Das ist nicht immer so, der Februar war sehr ruhiger Monat. Es sind auch keine Issues aufgetaucht, was ebenfalls eher ungewöhnlich ist.

5.1.4.4 Sales

Während Twitter und YouTube kaum Traffic auf die www.hapimag.com gebracht haben, konnte Facebook immerhin 3374 Besuche generieren. Allerdings hat keiner dieser Besucher ein Kontaktformular ausgefüllt und deshalb hat Facebook keine direkten Leads generiert. Der Autor ist jedoch der Ansicht, dass es durchaus möglich wäre, dass Personen durch Facebook erstmals auf Hapimag aufmerksam wurden, dann später direkt oder via Google auf www.hapimag.com gelangten und dort Kontaktformulare ausfüllten. Diese Personen wurden in diesem Report nicht erfasst.

5.1.4.5 Innovation & Support

Auf der Facebook-Seite von Hapimag sind 35 Serviceanfragen eingetroffen, die alle gelöst werden konnten. 17 von 19 Reaktionen waren positiv.

5.1.5 Nutzenanalyse Mammut

5.1.5.1 Überblick

Diese Abbildung zeigt den Score von maximal 100 Punkten, den das Unternehmen in den einzelnen Teilbereichen erreicht.

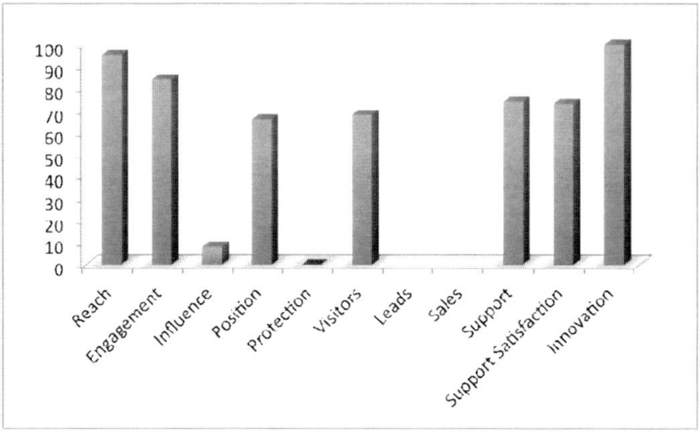

Abbildung 10: Scores-Teilbereiche Mammut

Quelle: Eigene Aufbereitung

5.1.5.2 Massnahmen und Schwerpunkte

Mammut hat eine sehr umfassende Social Media-Strategie: Eine grosse Präsenz auf Twitter, ein aktiv bespielter YouTube Channel und ein belebter Twitter-Channel werden durch einen eigenen Blog auf der Webseite von Mammut ergänzt. Auch bei Mammut erreicht die Facebook-Seite die meisten Kunden, aber auch Twitter, YouTube und der Blog haben sehr grosse Reichweiten und eine grosse Bedeutung für Mammut.

5.1.5.3 Marketing & Communications

Auf Facebook hat Mammut 83180 Likers. Diese hohe Zahl kommt nicht zuletzt dadurch zu Stande, dass Mammut z.B. durch Bewerbung der Facebook-Seite auf seiner Website seine Community aktiv aufbaut. Da die vielen Likers auch noch relativ aktiv sind, erreicht Mammut im Februar 2012 auf Facebook insgesamt 22'719'441 Impressionen. Auf Twitter hat Mammut 2146 Followers. Dort betreibt Mammut brand- und bergsportbezogene Kommunikation und steht auch für Supportanfragen zur Verfügung. Mammut reagiert auch auf die meisten Tweets, die „Mammut" enthalten, mit oder auch ohne Hash Tag. Damit erreichte Mammut im Zeitraum der Untersuchung auf Twitter 5'400'000 Impressionen. Mit Blog auf der Website von Mammut erreicht das Unternehmen 16630 User, die darauf geklickt haben. Auf YouTube hat Mammut 348 Subscribers, die Videos im Channel wurden bisher 183672-mal angesehen.

Im untersuchten Zeitraum postete Mammut 9 eigen Posts an die Pinwand seiner Facebook-Seite. Mit diesen Posts animierte Mammut 1146 Personen, mit der Seite zu interagieren (Personen, die darüber sprechen). Auf Twitter setzte Mammut im untersuchten Zeitraum insgesamt 80 Tweets ab. Davon waren der grösste Teil Antworten auf Tweets von anderen Twitter Usern, die Hash Tag Mammut enthielten. Die drei Blog Posts auf dem Basecamp Blog auf der Mammut Website wurden durchschnittlich 5543-mal angeklickt. Die drei Videos auf YouTube wurden bisher durchschnittlich je 8'511-mal aufgerufen.

Trotz dieser sehr hohen Zahlen liegt der Share of Voice an den Interaktionen mit North Face, Patalona und Mammut auf Facebook nur bei knapp 6 %. Dieser tiefe Anteil entsteht, weil North Face alleine über 16'000 Interaktionen auslöste und damit Facebook in dieser Branche klar dominiert. Auch auf Twitter dominiert North Face mit 58 %, gefolgt von Patagonia mit 38 % und Mammut mit nur 4 %. Bei den Blogs ist die Dominanz von North Face sogar noch deutlicher. North Face erhält dort 78.3 %, Patagonia 18.2 % und Mammut nur 3.4 %. In einem ähnlichen Bereich bewegt sich der Share of Voice von Mammut auf YouTube mit 3.3 %. Interessant ist, dass auf YouTube nicht North Face, sondern ganz klar Patagonia dominiert.

Auf allen Kanälen wurden praktisch nur positive und neutrale Meldungen gefunden. Protection war deshalb nicht nötig und fand auch nicht statt.

5.1.5.4 Sales

Facebook bring 4626 Besuchern auf der Mammut Website. Damit generiert dieser Kanal Traffic in einem relevanten Volumen. Durch Twitter hingegen misst Mammut gerade mal drei direkte Besucher. Auch YouTube generiert nur 49 Besucher, was ebenfalls nicht ins Gewicht fällt. Der Blog befindet sich bereits auf der Website und kann deshalb zusätzlichen Traffic nicht messbar generieren. Mammut betreibt keinen eigenen Webshop und deshalb können keine Verkäufe direkt auf Social Media zurückgeführt werden. Über alle Kanäle zeigen die Resultate auch bei Mammut kaum messbare Verkaufsresultate.

5.1.5.5 Innovation & Support

Auf Facebook stellten User im untersuchten Zeitraum 29 Supportanfragen. Auf Twitter waren es 10 Posts, die Supportanfragen enthielten. Alle Anfragen wurden von Mammut gelöst. Dieser Service wurde mit 41 % positiven Rückmeldungen belohnt.

Innovative Ideen kamen via Facebook im Februar 2012 fünf, via Twitter waren es im selben Zeitraum sogar sechs Ideen.

5.1.6 Nutzenanalyse Toyota

5.1.6.1 Überblick

Diese Abbildung zeigt den Score von maximal 100 Punkten, den das Unternehmen in den einzelnen Teilbereichen erreicht.

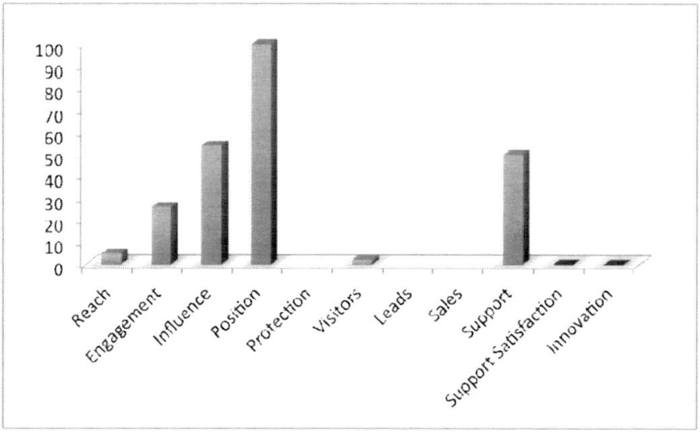

Abbildung 11: Scores-Teilbereiche Toyota

Quelle: Eigene Aufbereitung

5.1.6.2 Massnahmen und Schwerpunkte

Bei Toyota steht Facebook im Zentrum der Social Media-Aktivitäten. Diesen Kanal pflegt Toyota regelmässig. Toyota hat auch einen YouTube-Kanal, der aber nur sporadisch betreut wird. Im Zeitraum der Untersuchung wurden nur vereinzelte Werbespots hochgeladen, die ursprünglich für die TV-Werbung produziert wurden. Twitter wird von Toyota nicht betreut und Toyota betreibt weder einen eigenen Blog noch ein eigenes Forum. Es gibt zwar Toyota-Foren im Web, diese werden in dieser Studie jedoch nicht berücksichtigt, weil sie nicht von Toyota betreut werden und sich Toyota an den Diskussionen auch nicht beteiligt.

5.1.6.3 Marketing & Communications

Toyota erreicht mit 11723 Likers auf Facebook einen relativ hohen Wert bei der Liker-Anzahl, wenn man bedenkt, dass die Community nicht aktiv aufgebaut und vergrössert wird. Durch diese Likers erreicht Toyota 22098 Impressionen im untersuchten Zeitraum. Auf YouTube hat Toyota lediglich 6 Subscribers und kommt insgesamt auf 8.307 Views.

Mit fünf Posts auf Facebook konnte Toyota im Februar 2012 total 76 Personen dazu bewegen, mit der Seite zu interagieren. Auf YouTube wurde jeder hochgeladene Film durchschnittlich 2769-mal angeschaut.

Auf Facebook erreicht Toyota gegenüber den Mitbewerbern Ford Schweiz und Opel Schweiz einen guten Share of Voice mit 65.5 % Anteil an Personen, die über diese drei Marken sprechen.

Auf YouTube ist Ford Schweiz mit seinem Channel sehr stark, Toyota erreicht nur einen Anteil an 11.8 % der Videoaufrufe. Opel Schweiz betreibt keinen eigenen YouTube Channel.

Bezüglich Position und Protection lässt sich keine aussagekräftige Zahl berechnen, weil es dafür zu wenige Meldungen der User gab. Die wenigen Meldungen waren jedoch positiv. Issues oder potenzielle Krisen sind weder auf Facebook noch auf YouTube aufgetaucht.

5.1.6.4 Sales

Im Bereich Sales konnten die Social Media-Aktivitäten von Toyota kaum messbaren Nutzen erzeugen. Via Facebook sind lediglich 110 User auf die Webseite von Toyota Schweiz gelangt und dort konvertierte keiner dieser User zu einem Lead. YouTube hat überhaupt keine User auf die Seite gebracht.

5.1.6.5 Innovation & Support

Toyota Schweiz nutzt Social Media nicht als Supportmöglichkeit. Dementsprechend kommt mit nur ganz wenigen Supportanfragen auf Facebook gegenüber sehr vielen Kundenkontakten im Web ein Share of Customer Contacts von weniger als 0.1 % zusammen. Auf YouTube gab es gar keine entsprechenden Kundenkontakte. Entsprechend gab es auch keine Reaktionen auf Supportleistungen. Auch innovative Inputs gab es weder auf Facebook noch auf YouTube.

5.2 Individuelle Zielerreichung

In diesem Kapitel wird untersucht, inwiefern die Unternehmen ihre individuellen Ziele erreichen konnten.[150] Durchschnittlich erreichten die Teilnehmer die folgenden Scores bei der Zielerreichung:

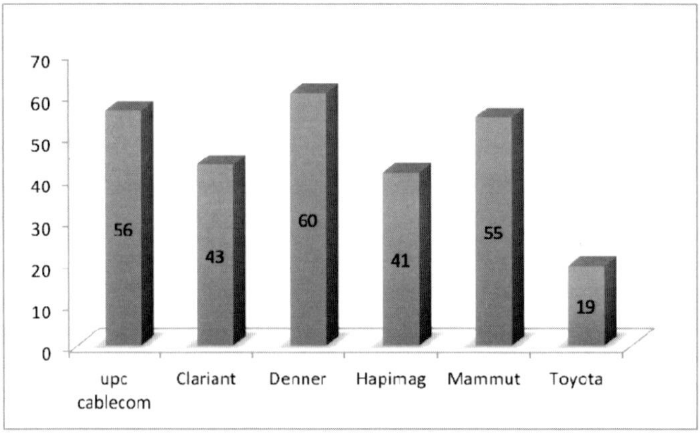

Abbildung 12: Individuelle Zielerreichung

Quelle: Eigene Aufbereitung

[150] Siehe Kap. 2.1.2.

5.2.1 Analyse Zielerreichung upc cablecom

5.2.1.1 Ziele und Zielkategorisierung

In einem ersten Schritt soll die Präsenz von upc cablecom im Internet via Twitter verstärkt und der aktive Dialog mit Medienvertretern und Bloggern ausgeweitet werden. Damit soll in einem zweiten Schritt erreicht werden, dass upc cablecom Agendasetting im Bereich Telekommunikation betreibt und schliesslich sich selbst und vorab die Pressestelle besser profilieren kann.

Ziele Twitter-Kennzahlen:

- 5 proaktive Tweets/Monat
- Mind. 400 Followers bis Ende Jahr

Aufgrund dieser Zielformulierung werden upc cablecom die folgenden Zielkategorien zugeteilt:

- Marketing & Communications: Reach
- Marketing & Communications: Engagement
- Marketing & Communications: Influence

5.2.1.2 Auswertung Zielerreichung

Die unten abgebildete Abbildung zeigt die Zielerreichung von upc cablecom.

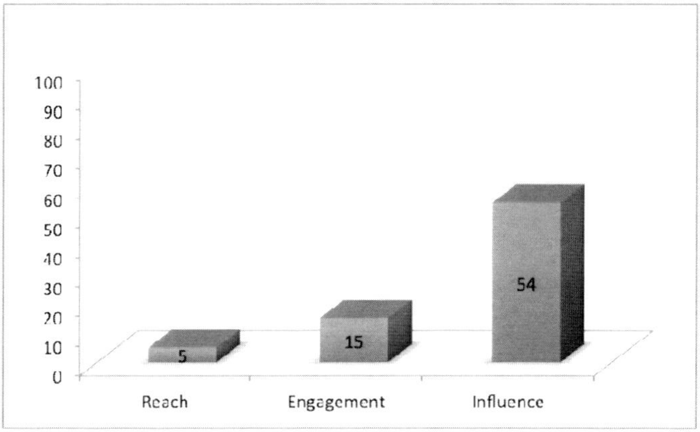

Abbildung 13: Zielerreichung upc cablecom

Quelle: Eigene Aufbereitung

Die Ziele von upc cablecom sind relativ knappgehalten. Interessant ist, dass upc cablecom ausgerechnet bei diesen Kennzahlen, mit denen sich ihre Ziele messen lassen, eher verhältnismässig schlecht abschneidet. Viel besser erweist sich upc cablecom z.B. bei Support (99 Punkte), Support Satisfaction (100 Punkte) und innerhalb von Marketing & Communications bei Position (97) und Protection (100) ab. Sehr hoch sind die Scores von upc cablecom auch bei Sales, dies ist aber darauf zurückzuführen, dass upc cablecom als einziger Teilnehmer einen Webshop hat. Sie kann als einziges Unternehmen Verkäufe von Besuchern der Portale nachweisen und erhält dafür deshalb bei jeder Kennzahl in diesem Bereich 100 Punkte.[151]

5.2.2 Analyse Zielerreichung Clariant

5.2.2.1 Ziele und Zielkategorisierung

Clariant hat sich für die Social Media-Arbeit die folgenden Ziele gesetzt und schriftlich definiert:

- Support Clariant's Profitable Growth Strategy by actively engaging in inescapable new communications channels.
- Foster new channels for internal and external corporate and business communications.
- Create state-of-the art and an industry leading social media presence on key external portals.

Damit fokussiert Clariant auf Marketing & Communications, wobei nicht genau deutlich wird, wie Reach, Engagement und Influence, Position und Protection gewichtet werden, da diese Bereiche alle unter „corporate and business communications" fallen können. Clariant versteht Social Media klar als Instrument der Corporate Communications und setzt diese auch für die Medienarbeit ein. Auch Sales scheint für Clariant auf Social Media ein Thema zu sein.

Aufgrund dieser Zielformulierung werden Clariant die folgenden Zielkategorien zugeteilt:

- Marketing & Communications: Reach
- Marketing & Communications: Engagement
- Marketing & Communications: Influence
- Marketing & Communications: Position
- Marketing & Communications: Protection
- Sales: Visitors
- Sales: Leads

[151] Vgl Social Media Scorecard, Anhang.

5.2.2.2 Auswertung Zielerreichung

Die unten abgebildete Abbildung zeigt die Zielerreichung von Clariant.

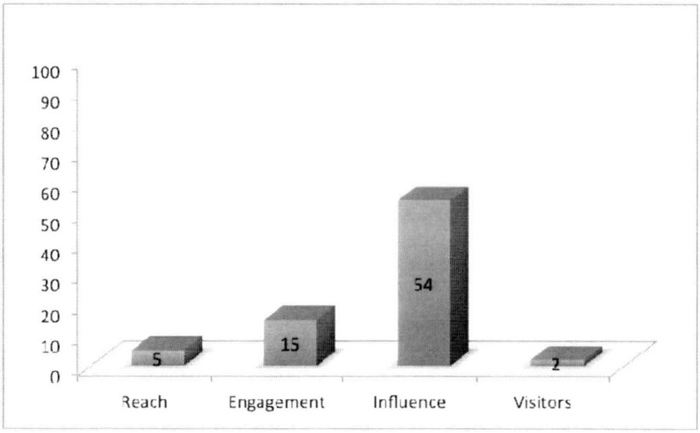

Abbildung 14: Zielerreichung Clariant

Quelle: Eigene Aufbereitung

Bei Reach hat Clariant noch Potenzial. Der relativ tiefe Wert von 6 Punkten ist darauf zurückzuführen, dass Clariant auf dem Reichweiten-starken Portal Facebook nicht präsent ist. Trotzdem schaffte es Clariant bei Engagement auf über 50 Punkte. Der Influence ist relativ klein, was auch mit den starken Mitbewerbern zusammenhängt. Die Stimmung im untersuchten Zeitraum war positiv, deshalb kam Clariant auf 100 Punkte bei Position, Protection war gar nicht notwendig, weil keine Issues aufgetaucht sind.

5.2.3 Analyse Zielerreichung Denner

5.2.3.1 Ziele und Zielkategorisierung

Spontan gab die Kommunikationsverantwortliche im Telefoninterview an, dass Denner mit dem Engagement auf Facebook potenzielle oder bestehende Kunden erreichen wolle, die sich oft auf Facebook aufhalten und dort für Botschaften von Denner empfänglich sind. Zudem sei Facebook für Denner eine Plattform, auf der sie einfach präsent sein wollen.

Der Schwerpunkt bei Denner liegt also klar bei Reach und in zweiter Instanz auch bei Influence, Position und bei Engagement. Sales-Ziele sowie Support & Innovation sind bei Denner derzeit kein Thema.

Dass Denner kein Monitoring betreibt, verdeutlicht den Fokus auf Reach. Denner befürchtet kaum einen grossen Einfluss auf das Image durch andere Social Media-Kanäle oder die Notwendigkeit, mit den Zielgruppen in einen vertieften Dialog zu treten. Dass Denner auf der Facebook-Seite kaum auf den eigenen Online-Weinshop verlinkt, verdeutlicht, dass Sales nicht das Ziel der Bemühungen ist.

Aufgrund dieser Zielformulierung werden Denner die folgenden Zielkategorien zugeteilt:

- Marketing & Communications: Reach
- Marketing & Communications: Engagement
- Marketing & Communications: Influence
- Marketing & Communications: Position

5.2.3.2 Auswertung Zielerreichung

Die folgende Abbildung zeigt die Zielerreichung und den Score von Denner.

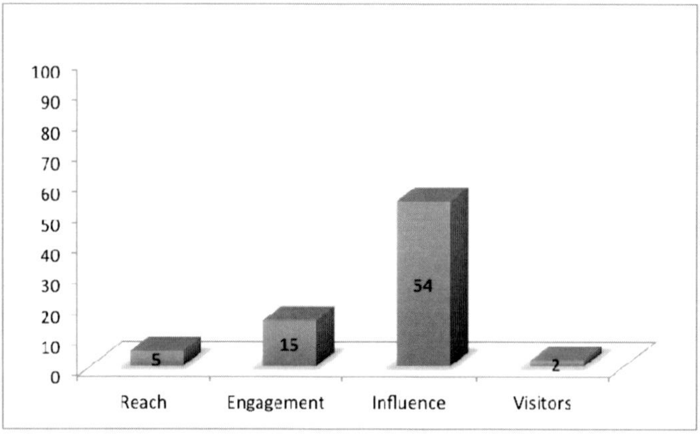

Abbildung 15: Zielerreichung Denner

Quelle: Eigene Aufbereitung

Denner hat relativ viele Likers auf Facebook (36 Punkte), kommt aber trotzdem nicht auf sehr viele Impressionen (0 Punkt), zumindest im Verhältnis zum besten Unternehmen der Studie (Mammut). Deshalb liegt Denner bei Reach auf 18 Punkten. Dies, obwohl das Engagement von 30 Punkten gar nicht schlecht ist. Da die zwei definierten Mitbewerber auf Facebook kaum präsent sind, dominiert Denner die Discounter-Branche auf Facebook in der Schweiz klar. Die Stimmung ist gut, Denner kommt bei Position auf 93 Punkte.

5.2.4 Analyse Zielerreichung Hapimag

5.2.4.1 Ziele und Zielkategorisierung

Die Ziele von Hapimag sind in die Bereiche HR, PR und Marketing / Sales gegliedert.

HR:

- Employer Branding

PR:

- Vertrauen aufbauen / Glaubwürdigkeit steigern
- Krisenprävention (Issue Management), Monitoring

Marketing / Sales:

- Kunden- und Markenbindung durch Austausch mit Marke steigern
- Abbau von Skepsis vor und nach Vertragsunterzeichnung
- Traffic auf Hapimag-eigenen Seiten steigern
- Leads für Sales generieren
- Verdrängung des Graumarkts

Zusätzlich im Querschnitt:

- Präsenz im Netz erhöhen, Agenda-Setting
- Initiieren und Führen eines erfolgreichen Stakeholder-Dialogs
- Feed-back nutzen (erhalten, lesen, auseinandersetzen, reporten)

Aufgrund dieser Zielformulierung werden Hapimag die folgenden Zielkategorien zugeteilt:

- Marketing & Communications: Reach
- Marketing & Communications: Protection
- Marketing & Communications: Engagement
- Marketing & Communications: Influence
- Marketing & Communications: Position
- Sales: Visitors
- Sales: Leads

5.2.4.2 Auswertung Zielerreichung

Die folgende Abbildung zeigt die Zielerreichung und den Score von Hapimag.

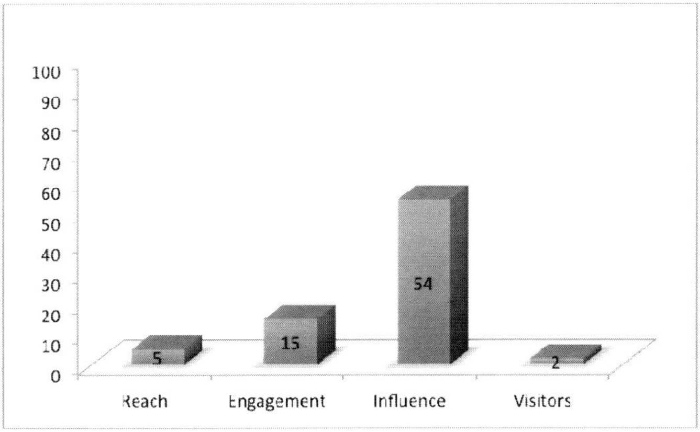

Abbildung 16: Zielerreichung Hapimag

Quelle: Eigene Aufbereitung

Als wahrscheinlich am wenigsten bekannter Brand von allen Teilnehmern bringt es Hapimag immerhin auf 11 Punkte bei Reach, dies nicht zuletzt, weil das Engagement bei 48 Prozent liegt. Trotz starker Mitbewerber kann Hapimag bei Influence 57 Punkte für sich beanspruchen. Die Stimmung war zum untersuchten Zeitraum gut, deshalb bringt es Hapimag auf 100 Punkte bei Position und Protection war nicht notwendig. Bei Visitors verbucht Hapimag 32 Punkte, dies dank dem Traffic via Facebook. Im untersuchten Zeitraum konnte Hapimag weder Leads noch innovative Ideen erzeugen.

5.2.5 Analyse Zielerreichung Mammut

5.2.5.1 Ziele und Zielkategorisierung

Brand Experience: Die Marke Mammut erlebbar machen, als Ergänzung zu der Webseite, den Mammut Stores, den Erlebnissen mit den Produkten selbst. Zudem will Mammut die Verbindung zu seinen Kunden verstärken und durch den Dialog eine Brücke zu den Kunden bauen. Mammut will gleichzeitig einen zeitgemässen Kundenservice bieten und die Kunden da abholen, wo sie sich über Mammut austauschen. Mammut will sich mit einem branchenbezogenen Dialog als wichtiger Player in der Outdoor- und Bergsport-Szene beweisen.

Aufgrund dieser Zielformulierung werden Mammut die folgenden Zielkategorien zugeteilt:

- Marketing & Communications: Reach
- Marketing & Communications: Engagement
- Marketing & Communications: Influence
- Support & Innovation: Support

5.2.5.2 Auswertung Zielerreichung

Die folgende Abbildung zeigt die Zielerreichung anhand der Scores von Mammut.

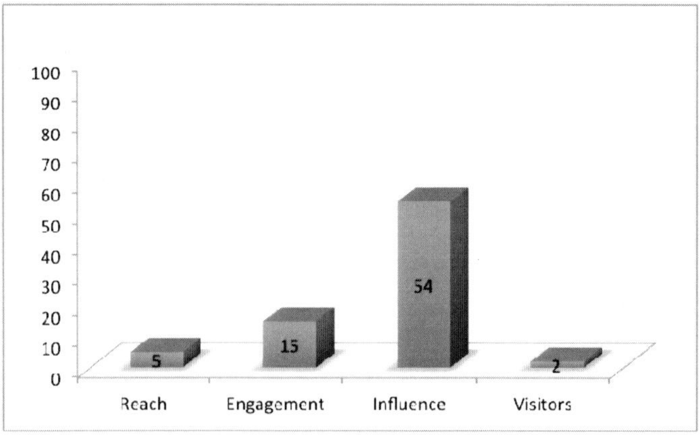

Abbildung 17: Zielerreichung Mammut

Quelle: Eigene Aufbereitung

Bei Reach ist Mammut unbestrittener Spitzenreiter der Studie. Besonders auf Facebook erreicht Mammut mit riesigem Abstand die meisten User, auch auf Twitter setzt Mammut klar die 100-Punkte-Marke. Nur auf YouTube erreicht Mammut keine 100, sondern 68 Punkte. Das Engagement ist auf Facebook ebenfalls sehr hoch, fällt aber auf Twitter ab, weil Mammut wenige eigene Tweets verfasst, die Reaktionen auslösen könnten. Bei Influence kommt Mammut nur auf 8 Punkte, die Mitbewerber sind sehr stark (international gemessen). Bei Support erreicht Hapimag 74 Punkte, weil Mammut über Twitter und Facebook viele Supportanfragen lösen konnte.

5.2.6 Analyse Zielerreichung Toyota

5.2.6.1 Ziele und Zielkategorisierung

Toyota hat sich die folgenden Schwerpunkte gesetzt:

1) Ansprache der Zielgruppe, die über die klassischen Kanäle nicht erreicht werden können.

2) Gewinnung von markenaffinen Nutzergruppen und Betreibung einer interaktiven Kommunikation:

- PR/Sponsoring: Einbindung der Sponsoring-Aktivitäten, aber auch im Bereich allfälliger Krisen-PR, wie z.B. bei der Diffamierungs-Kampagne im 2010
- Promotionen und Wettbewerbe
- Verkaufsförderung (Kommunikation laufender Angebote)
- Begleitung bei Produkteinführungen
- Technologie: Kommunikation der Technologieführerschaft
- Pflege der Feed-back-Kultur im Sinne von Kaizen

3) Konsequente Pflege beim Aufbau eines modernen, positiven Produkt- und Markenimages, in dem Inhalte und z.B. Videos eingesetzt werden, die sich für klassische Medien nicht eignen.

4) Digitale Informationsverbreitung durch Nutzung viraler Effekte unter den Social Media-Nutzern

5) Steigerung der Websitenbesucher durch Verknüpfung mit den anderen Onlineaktivitäten

6) Marketing-/Kommunikationsziele (kurz- bis mittelfristig):

- Steigerung des Marktanteils auf 5 %

Aufgrund dieser Zielformulierung werden Toyota die folgenden Zielkategorien zugeteilt:

- Marketing & Communications: Reach
- Marketing & Communications: Engagement
- Marketing & Communications: Influence
- Sales: Visits

5.2.6.2 Auswertung Zielerreichung

Die folgende Abbildung zeigt die Zielerreichung von Toyota.

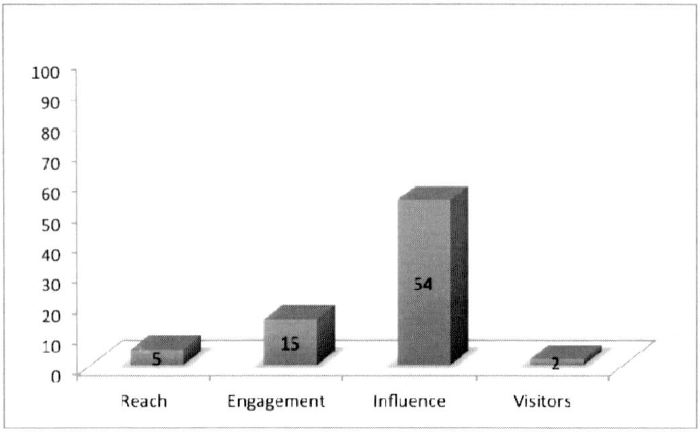

Abbildung 18: Zielerreichung Toyota

Quelle: Eigene Aufbereitung

Die Auftritte von Toyota auf Facebook und YouTube sind noch nicht richtig in Schwung, deshalb erreicht Toyota bei Reach nur 5 Punkte. Dank eher vielen eigenen Aktivitäten auf Facebook und drei eigenen Videos im untersuchten Zeitraum erreicht Toyota trotzdem 15 Punkte bei Engagement. Bei Influence erreicht Toyota sogar 54 Punkte und steht dabei im Vergleich zu seinen Mitbewerbern gut da. Der gewünschte Traffic auf die Webseite kommt leider noch nicht zu Stande und auch innovative Kunden-Feed-backs konnte Toyota noch nicht generieren.

5.3 Potenzialanalyse der Portale

Hier soll das Potenzial der untersuchten Portale verglichen werden.[152] Dazu müssen die Kennzahlen vergleichbar sein und es müssen bei mehreren Unternehmen Messwerte vorhanden sein.[153]

5.3.1 Likers, Followers und Subscribers

Alle Unternehmen zusammen zählen 141230 Likers auf Facebook, 4511 Followers auf Twitter, 1195 Subscribers auf den Blogs und Foren und 432 Subscribers auf YouTube. Die Grafik zeigt, dass sich auf Facebook bei Weitem die User mit den Unternehmen verbunden haben.

---

[152] Siehe Kap. 2.1.3.

[153] Siehe Kap. 3.3.

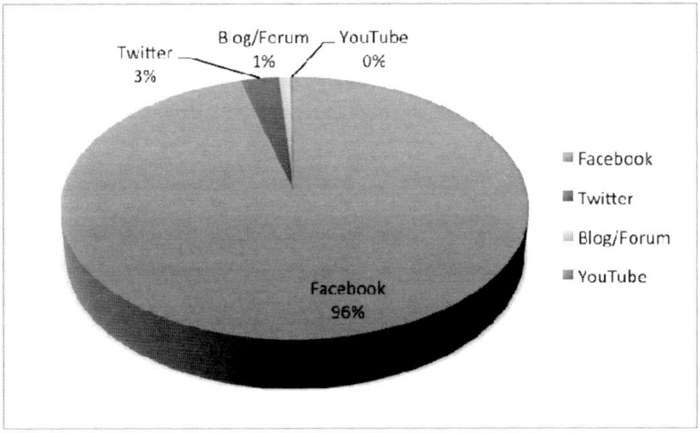

Abbildung 19: Verteilung Likers, Followers und Subscribers

Quelle: Eigene Aufbereitung

5.3.2 Impressionen

Zusammen erzielten die Unternehmen auf Facebook 22'958'845 Impressionen. Auf Twitter waren es immerhin noch 5'563'084 Impressionen, auf den Blogs und Foren 182'135 und auf YouTube 543'348. Wie bei den Fans, Followers und Subscribers dominiert Facebook bei den Impressionen deutlich, auch wenn Twitter hier einen grösseren Anteil ausmacht.

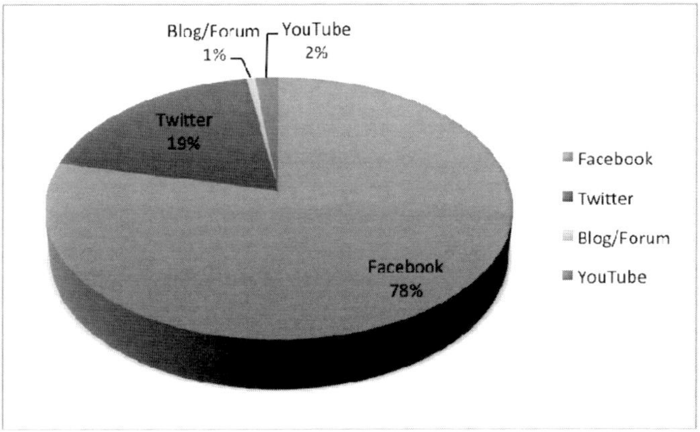

Abbildung 20: Verteilung Impressionen

Quelle: Eigene Aufbereitung

5.3.3 Eigene Aktivitäten auf den Portalen

Diese Grafik zeigt, wie viele eigene Posts oder Kommentare die Unternehmen im untersuchten Zeitraum selbst getätigt haben. Es zeigt sich, dass die Unternehmen auf Twitter am aktivsten waren. Während sie auf Facebook nur 31 eigene Posts tätigten, waren es auf Twitter 208. Eigene Blogeinträge wurden im Februar 2012nicht verfasst, während auf YouTube 12 neue Videos hochgeladen wurden.

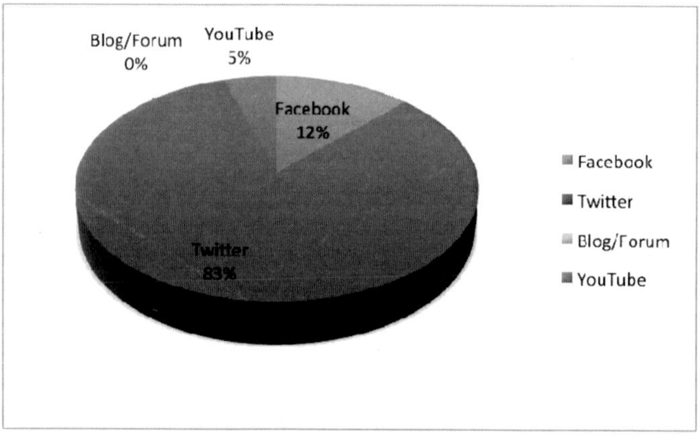

Abbildung 21: Verteilung eigene Aktivitäten

Quelle: Eigene Aufbereitung

5.3.4 Reaktionen auf Posts der Unternehmen

Im untersuchten Zeitraum gab es auf Facebook insgesamt 5105 „People talking about“. Auf Twitter hingegen haben nur 82 Twitter User auf die Tweets der Unternehmen reagierten. Auf den Blogs gab es 3 Reaktionen und auf YouTube 12. Auch in dieser Disziplin dominiert Facebook ganz eindeutig. Allerdings muss beachtet werden, dass die unterschiedlichen Kennzahlen auf den Channels nicht genau dieselbe Aussage haben und deshalb nicht zu 100 % vergleichbar sind. Die folgende Grafik ist deshalb mit Vorbehalt zu betrachten.

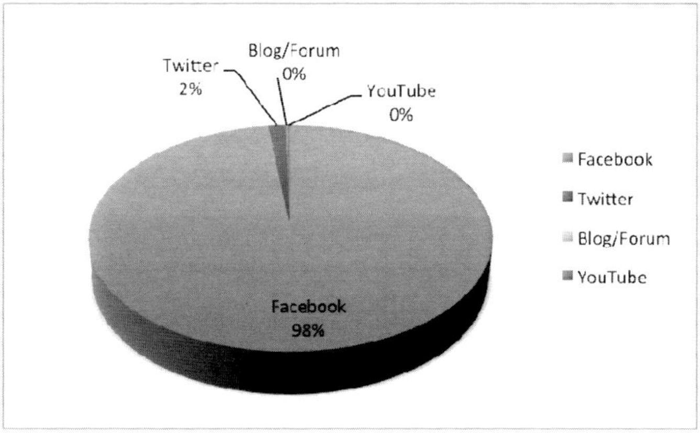

Abbildung 22: Verteilung Reaktionen

Quelle: Eigene Aufbereitung

5.3.5 Traffic auf Webseite generieren

Für die Erreichung von Sales-Zielen ist entscheidend, wie viel Traffic von einem Social Media-Portal auf die Webseite des Unternehmens generiert werden kann. Alle Teilnehmer zusammen konnten via Facebook 8'179 Visits auf ihren Webseiten generieren, via Twitter nur 75 und via YouTube 87. Via Blogs und Foren konnte kein Traffic auf die Seiten generiert werden, weil diese sich bereits dort befinden.

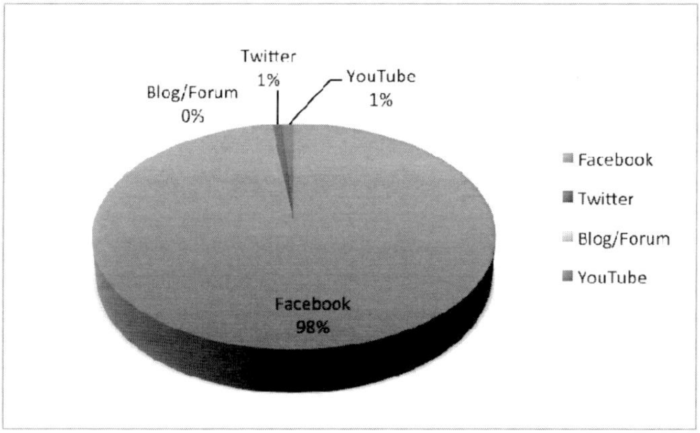

Abbildung 23: Verteilung Traffic-Generierung

Quelle: Eigene Aufbereitung

5.3.6 Supportanfragen

Ausgeglichener ist die Situation bei den Supportanfragen. Während auf Facebook insgesamt 67 Supportanfragen eingegangen sind, waren es auf Twitter sogar 73, auf den Blogs und Foren 61 Anfragen. Auf YouTube gingen keine Supportanfragen ein.

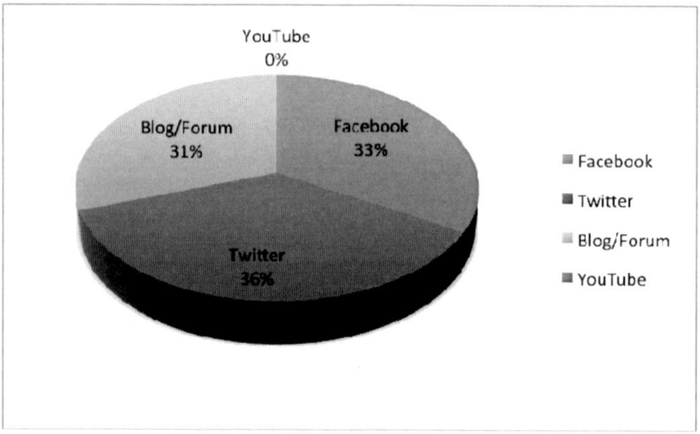

Abbildung 24: Verteilung Supportanfragen

Quelle: Eigene Aufbereitung

5.3.7 Vorschläge und Ideen

Auf Facebook würden insgesamt 5 innovative Ideen gezählt, auf Twitter waren es 9 Ideen. Auf den Blogs und Foren kamen 6 Ideen zusammen, auf YouTube keine. In dieser Disziplin ist Twitter der Top Channel.

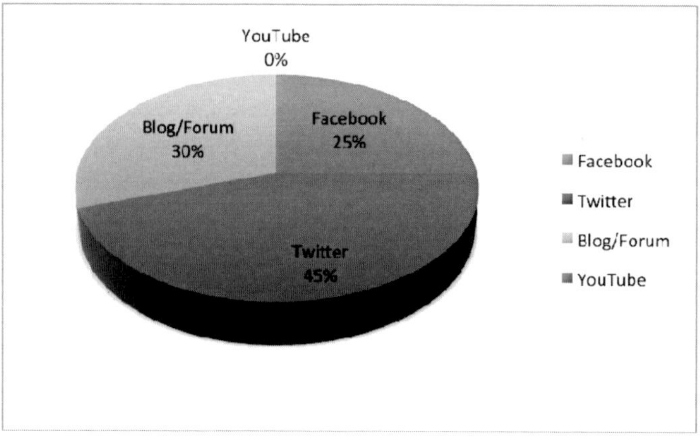

Abbildung 25: Verteilung Innovation

Quelle: Eigene Aufbereitung

5.4 Einfluss von strategischem Vorgehen

Die Abbildung unten zeigt den Zusammenhang zwischen dem Grad des strategischen Vorgehens und dem Nutzen von Social Media, der gemessen werden konnte.[154]

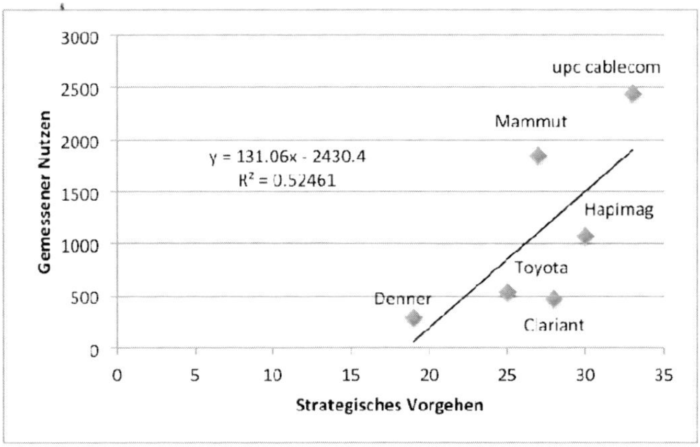

Abbildung 26: Verhältnis strategisches Vorgehen und Nutzen

Quelle: Eigene Aufbereitung

Die Trendlinie zeigt deutlich, dass bei Unternehmen, die strategischer vorgehen, auch ein höherer Nutzen gemessen werden konnte. Das Bestimmtheitsmass $R^2 = 0.52$ bestätigt diesen Zusammenhang statistisch.

Denner, der von allen Teilnehmern am wenigsten strategisch vorgeht, erreicht auch den geringsten Nutzen. Das ist gut nachvollziehbar, da Denner Facebook als einzigen Kanal pflegt, was bereits für eine schlanke Strategie und beschränktes Nutzenpotenzial spricht. Toyota und Clariant erreichen einen ähnlichen Nutzen (um 500 Punkte), während Clariant noch etwas strategischer vorgeht. Dies könnte damit zusammenhängen, dass sich Toyota im Aufbau im Hinblick auf Social Media befindet und die Strategie noch nicht voll umgesetzt hat. Hapimag erreicht mit viel Strategie einen mittleren Nutzen. Das könnte damit zusammenhängen, dass Hapimag das am wenigsten bekannte Unternehmen der Teilnehmergruppe ist. Der Einfluss der Bekanntheit der Teilnehmer wurde in dieser Studie jedoch nicht untersucht. Mammut erreicht viel Nutzen mit mittlerem Grad an strategischem Vorgehen. Abzüge für die Strategie erhielt Mammut unter anderem, weil die Mitarbeitenden keinen Zugang zu Facebook erhalten. Dies scheint in diesem Fall jedoch keine Auswirkung auf den Nutzen zu haben. upc cablecom geht am strategischsten vor und erreicht auch die meisten Punkte. Auch dieses Unternehmen liegt über der Trendlinie, diese Abweichung lässt sich mit den zusätzlichen Punkten im Bereich Sales erklären, die Unternehmen ohne Webshop nicht aufweisen können.

[154] Siehe Kap. 2.1.4 und 3.4.

5.4.1 Strategisches Vorgehen upc cablecom

Upc cablecom hat die strategischen Schritte durchgemacht und ist damit gleichsam sehr gut abgestützt. Upc cablecom hat die Diskussionen im Web analysiert und die Möglichkeiten für das Unternehmen abgewogen. Danach hat sich Upc cablecom klare Ziele gesetzt und genau definiert, mit welchen Kanälen das Unternehmen auf diese Zeile hinarbeiten will und welche Themen sich dafür besonders gut eignen. Diese Entscheidungen wurden in einer schriftlichen Strategie festgehalten, dazu wurde ein entsprechender Massnahmenplan entwickelt. Zwei Punkte Abzug enthält Upc cablecom dafür, dass der Massnahmenplan weder einen klaren Zeitplan noch definierte Meilensteine enthält. Upc cablecom hat ein Projektteam mit entsprechender Aufgabenverteilung und Verantwortlichkeiten aufgestellt. Um für mögliche Reputations-Issues gerüstet zu sein, hat Upc cablecom einen Issue- oder Krisenplan erstellt. Dieser regelt das Vorgehen, wenn reputationsgefährdende Themen auftauchen. Um Fehler von Seiten der Mitarbeitenden zu verhindern, hat Upc cablecom auch Scial Media Guidelines eingeführt. Die Mitarbeitenden haben vollen Zugang zu Social Media-Portalen.

Upc cablecom hat die in der Strategie definierten Kanäle konsequent aufgebaut und bewirtschaftet diese nun inhaltlich und fördert das Wachstum der Communities aktiv. Dabei ist Social Media gut ins Unternehmen integriert und die Mitarbeitenden wurden speziell geschult. Einen Punkt Abzug erhält Upc cablecom, weil nicht min. drei Manager für ihre Bereiche Social Media einsetzen.

Score strategisches Vorgehen: 33 Punkte

5.4.2 Strategisches Vorgehen Clariant

Clariant hat praktisch alle vorbereitenden Schritte für ein strategisches Vorgehen durchgemacht und erreicht deshalb einen hohen Score. Für die maximale Punktzahl fehlt bei den vorbeireitenden Schritten lediglich ein Workflow für den Umgang mit Issues und Krisen.

Mehr Abzüge gab es bei der strategischen Umsetzung und Implementierung der Strategie, die noch nicht abgeschlossen ist. So werden noch nicht alle eigenen Kanäle regelmässig bewirtschaftet (Facebook) und die Communities werden noch nicht aktiv gefördert. Ins Unternehmen ist Social Media noch nicht gut integriert, so sind für Mitarbeiter die Zugänge zu einigen Social Media-Portalen gesperrt und es finden auch keine Schulungen statt. Für die Integration spricht hingegen, dass sich drei Abteilungen am Social Media-Programm beteiligen.

Score strategisches Vorgehen: 28 Punkte

5.4.3 Strategisches Vorgehen Denner

Denner verfolgt mit seinen Social Media-Aktivitäten keine speziell definierten Ziele. Damit ist ein strategisches Vorgehen eher schwierig und der Score entsprechend tief. Die Tatsache, dass Denner eine SWOT-Analyse durchgeführt hat, obwohl das Unternehmen keine Ziele definiert hat, lässt auf eine eher kritische Haltung gegenüber Social Media schliessen. Dennoch hat Denner erkannt, dass sich seine Zielgruppe auf Facebook austauscht und machte einen Schritt auf sie zu.

Dass Denner keine explizite Facebook-Strategie hat, hängt auch damit zusammen, dass Denner Facebook als einen weiteren Kanal für die Umsetzung einer übergeordneten Marketingstrategie betrachtet. Das erklärt auch, dass Denner im Voraus Themen bestimmt hat, die auf Facebook behandelt werden sollen. Auch die klaren Verantwortlichkeiten und der Workflow für Issues und für Krisen sind auf die übergeordneten Marketingstrukturen zurückzuführen.

Score strategisches Vorgehen: 19 Punkte

5.4.4 Strategisches Vorgehen Hapimag

Hapimag hat die meisten vorbereitenden Schritte ausgeführt, bevor sie mit Social Media begonnen hat. Ausgelassen hat Hapimag aber eine Berücksichtigung der Zielgruppenpräsenz auf den Kanälen. Zudem wurden Hapimag keine Themen definiert, die auf den gewählten Portalen angesprochen werden sollen. Es gab zwar einen Projektplan, dieser hat aber keine expliziten Meilensteine vorgesehen. Zudem waren von Anfang an nicht alle Aufgaben klar verteilt.

Relativ stark ist Hapimag bei der Einbindung von Social Media im Unternehmen. Social Media wird im Verkauf, in der IT, in Marketing/Kommunikation und im Resortmanagement aktiv eingesetzt. Viele Resortmanager der Hapimag Resorts sind auf Facebook aktiv und mehrere Geschäftsleitungsmitglieder nutzen Facebook, Twitter, Xing, LinkedIn und andere Portale beruflich.

Score strategisches Vorgehen: 30 Punkte

5.4.5 Strategisches Vorgehen Mammut

Erstaunlicherweise hat Mammut keine konkreten Ziele für seine Social Media-Aktivitäten definiert. Implizit waren die oben beschriebenen Ziele allen Beteiligten klar, die Ziele wurden aber nie schriftlich festgehalten. Auch eine SWOT-Analyse zu Chancen, Gefahren, Stärken und Schwächen wurde nicht gemacht. Das Unternehmen hat aber ein Screening erstellt. Danach hat Mammut bewusst die Kanäle ausgewählt, die das Unternehmen bespielen will. Es gab einen Projektplan mit einem Zeitplan und Meilensteinen, allerdings keine ganz konkreten inhaltlichen Massnahmen. Grobe Massnahmen, wie z.B. der Aufbau der definierten Kanäle sind vorgesehen.

Es wurde ein Projektteam zusammengestellt und die Verantwortlichkeiten wurden definiert. Auch die Aufgaben sind klar verteilt. Die Social Media-Präsenz von Mammut wurde planmässig aufgebaut, die Kanäle wurden regelmässig mit Inhalten bespielt und Mammut fördert das Wachstum der Communities auf Facebook, Twitter, YouTube und dem Blog aktiv.

Es gibt weiterhin einen Workflow für Issues und Krisen. Eine Social Media Guideline existiert bei Mammut nicht.

Erstaunlich bei einem Unternehmen mit einer derart grossen Social Media-Präsenz ist, dass die Mitarbeitenden an den Arbeitsplätzen keinen Zugang zu Facebook haben. Ebenfalls für eine schwache Einbettung von Social Media im Unternehmen spricht, dass die Mitarbeitenden nicht geschult werden und dass das Management Social Media nicht selbst für seine Bereiche einsetzt. Allerdings beteiligen sich drei oder mehr Bereiche in der Organisation von Mammut am Social Media-Programm.

Score strategisches Vorgehen: 27 Punkte

5.4.6 Strategisches Vorgehen Toyota

Ausser einer SWOT-Analyse hat Toyota alle vorbereitenden Schritte gemäss der Vorlage für das strategische Vorgehen absolviert. Nach einem Screening des Istzustandes wurden Ziele definiert, Kanäle bewusst ausgewählt und Themen vorbereitet. Eine schriftliche Strategie wurde zwar entworfen, aber nie offiziell abgesegnet. Dennoch wurden Massnahmen entwickelt, ein Projekt-Team zusammengestellt und sogar ein Krisenmanagement aufgebaut. Der Kanal Facebook wird von Toyota inhaltlich aktiv bewirtschaftet, YouTube hingegen kaum. Auf beiden Kanälen werden die Communities nicht intensiv aufgebaut oder gefördert. Auffallend viele Punkte vergibt Toyota bei der Integration von Social Media ins Unternehmen. Für Mitarbeiter bleibt der Zugang zu Facebook und Co. gesperrt, Social Media wird eher isoliert betrieben und das Management setzt Social Media nicht spezifisch für die jeweiligen Bereiche ein.

Score strategisches Vorgehen: 25 Punkte

5.5 Einfluss von Reporting

Die folgende Abbildung zeigt den Zusammenhang zwischen der Vollständigkeit des Reportings und dem messbaren Nutzen von Social Media.[155]

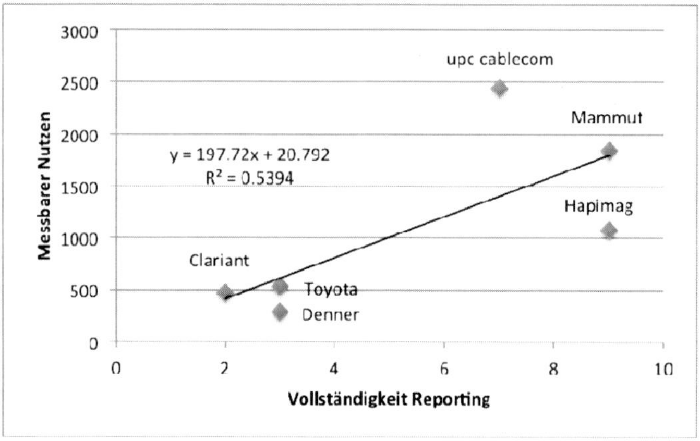

Abbildung 27: Verhältnis Reporting-Vollständigkeit und Nutzen

Quelle: Eigene Aufbereitung

Die Trendlinie zeigt, dass Unternehmen, die über ein vollständiges Reporting verfügen, einen höheren Nutzen mit ihren Social Media-Aktivitäten erzielen. Das Bestimmtheitsmass R^2 = 0.53 bestätigt diese Korrelation statistisch.

Clariant, Denner und Toyota zeichnen sich durch ein eher unvollständiges Reporting aus (Wert zwischen 2 und 3). Entsprechend tief liegen die Werte des messbaren Nutzens, der mittels Social Media erzielt wird. Die Werte für den Nutzen liegen um 500 oder darunter. Auf der anderen Seite ist das Reporting von upc ablecom, Mammut und Hapimag mit Werten ziemlich vollständig. Interessant ist dabei, dass upc cablecom mit einem guten, aber keineswegs vollständigen Reporting (Wert fürs Reporting ist 7) einen sehr hohen Nutzen (2400) erzielt, während Hapimag mit einem fast vollständigen Reporting (Wert 9) einen deutlich tieferen Nutzen von nur 1100 erzielt. Diese Abweichungen lassen sich teilweise damit erklären, dass upc cablecom mit dem Webshop und dem damit gemessenen Nutzen bei Sales sehr viele Punkte machen konnte, diese Möglichkeit hatten die anderen Unternehmen nicht. Mammut erreicht mit einem gleich stark ausgeprägten Reporting mehr Nutzen als Hapimag, was seine Ursachen darin haben könnte, dass Mammut aktiver ist und im Gegensatz zu

[155] Siehe Kap. 2.1.5 und 3.5.

Hapimag auch Twitter aktiv einsetzt. Auch der stärkere Brand von Mammut könnte einen Einfluss haben, dieser wird in der vorliegenden Studie jedoch nicht untersucht.

5.5.1 Reporting upc cablecom

Upc cablecom reportet regelmässig über ihre Social Media-Aktivitäten und nimmt dabei direkt Bezug auf die Erreichung der selbst gesetzten Zeile für das Programm. Upc cablecom gibt an, dabei auch auf Brand Engagement einzugehen, Brand Awareness und Word of Mouth würden dabei nicht berücksichtigt. Damit werden wichtige Aspekte von Social Media nicht erfasst. Für den Umgang mit den Resultaten des Reportings sind klare Prozesse definiert.

Score Reporting: 7 Punkte

5.5.2 Reporting Clariant

Clariant reportet zwar monatlich, dieses Reporting ist aber nicht auf die selbst gesetzten Ziele ausgerichtet und schenkt den Besonderheiten von Social Media keine Bedeutung, Engagement, Awareness und Word of Mouth werden nicht erfasst. Es gibt auch keinen Workflow für den Umgang mit Issues oder Krisen.

Score Reporting Clariant: 2 Punkte

5.5.3 Reporting Denner

Der Fokus auf Reach und die Positionierung von Botschaften widerspiegelt sich in der Tatsache, dass Denner lediglich den Output von Kampagnen reportet, also festhält, ob die gesendeten Botschaften angekommen sind. Image und Interaktivität sind dabei nicht so wichtig. Dazu passt auch, dass keine Prozesse für den Fall definiert sind, dass die Zahlen unbefriedigend sind, weil diese dann aus Sicht von Denner ohnehin nur noch schlecht zu verbessern.

Score Reporting: 3 Punkte

5.5.4 Reporting Hapimag

Hapimag reportet monatlich und das Reporting ist klar auf die Erreichung der definierten Ziele ausgerichtet. Die Awareness wird direkt gemessen, Brand Engagement vielmehr indirekt. Gar nicht gemessen werden die Auswirkungen von Word of Mouth. Es fehlen klare Prozesse, um die Erkenntnisse aus dem Reporting für die Optimierung bei der Zielerreichung zu nutzen.

Score Reportin: 9 Punkte

5.5.5 Reporting Mammut

Im Bereich Reporting ist Mammut vorbildlich. Das Unternehmen erstellt ein regelmässiges Reporting, das direkt auf eigene (nicht schriftlich definierte) Ziele ausgerichtet ist und berücksichtigt den Schwerpunkten Brand Engagement, Brand Awareness und auch Word of Mouth Rechnung. Zudem hat Mammut Prozesse definiert, wie das Unternehmen mit den Resultaten aus dem Reporting umgeht. Damit erreicht Mammut beim Reporting die maximale Punktzahl von 9 Punkten.

Score Reporting: 9 Punkte

5.5.6 Reporting Toyota

Im Bereich Reporting holt Toyota relativ wenige Punkte. Toyota reportet zwar regelmässig, jedoch ist dieses Reporting weder auf die definierten Ziele noch ist definiert, wie mit den Resultaten aus dem Reporting umgegangen wir, bzw. wie die Resultate verbessert werden können. Das Reporting misst zwar Brand Engagement, Brand Awareness und die Auswirkungen auf Word of Mouth werden nicht berücksichtigt.

Score Reporting: 3 Punkte

6 Schlussfolgerungen und Empfehlungen

In diesem Kapitel werden die wichtigsten Erkenntnisse zu Schlussfolgerungen zusammengefasst. Darauf basierend werden Empfehlungen formuliert.

6.1 Messbarkeit des Nutzens von Social Media

Der Nutzen von Social Media kann durchaus gemessen werden.[156] Über Social Media können Botschaften mit sehr hoher Reichweite verbreitet werden, was sich mit Reach messen lässt.[157] Die Kundenbindung und die Affinität zur Marke lassen sich durch Dialoge steigern.[158] Dieser Nutzen wird mit der Kennzahl Engagement gemessen. Reach und Engagement liegen besonders vielen Zielen der Unternehmen zu Grunde und sind deshalb nach Ansicht des Autors die wichtigsten Kennzahlen[159], wobei ein hohes Engagement auch zu mehr Reach führt und deshalb besonders angestrebt werden sollte. Auch im Bereich Support haben die untersuchten Unternehmen mit Social Media viel Nutzen generiert.[160] Ebenfalls viel Nutzen schafft die Verbreitung eines positiven Images, was mit der Kennzahl Position gut gemessen werden kann. Protection kann sehr entscheidend sein, es ist aber auch ein gutes Zeichen, wenn es nicht benötigt wird. Viel ungenutztes Potenzial sieht der Autor im Bereich Innovation.[161]

Wenig messbarer Nutzen konnte im Bereich Sales nachgewiesen werden.[162] Der Nutzen von Social Media in diesem Bereich ist schwer messbar, weil ein grosser Teil davon indirekten Nutzen darstellt. So ist zum Beispiel davon auszugehen, dass eine höhere Präsenz, bessere Kundenbindung oder ein zufrieden stellender Support die Sales-Zahlen langfristig positiv beeinflusst. Diese indirekten Nutzen können derzeit nicht mit vernünftigem Aufwand gemessen werden.[163] Die direkt messbaren Nutzen wie Website Visits oder bei Webshops auch der Umsatz waren eher enttäuschend.[164]

6.2 Reporting ist wichtiger als Strategie

Die Studie hat gezeigt, dass eine positive Korrelation zwischen strategischem Vorgehen und dem Erfolg der Social Media-Aktivitäten besteht. Unternehmen, die strategischer vorgehen, erreichen also mehr Nutzen. Das Bestimmtheitsmass R^2 beträgt 0.45.[165]

Noch stärker ist jedoch der Zusammenhang zwischen einem professionellen Reporting und den erzielten Erfolgen. Das Bestimmtheitsmass R^2 von 0.61 ist deutlich höher als beim strategischen Vorgehen.[166] Das gestattet den Schluss , dass sich der Erfolg von Unternehmen auf Social Media mit dem Einsatz von Reportings deutlich besser erklären lässt als mit strategischem Vorgehen. Das ist interessant, weil über das Social Media Reporting als Erfolgsfaktor noch kaum empirische Erkenntnisse pu-

---

[156] Siehe Kap. 4.2, 4.3 und 5.1.

[157] Siehe Kap. 3.1.3 und 5.1.

[158] Siehe Kap. 3.1.3 und 5.1.

[159] Siehe Kap. 5.2.

[160] Siehe Kap. 5.1.

[161] Siehe Kap. 5.1.

[162] Siehe Kap. 5.1 und 3.1.4.

[163] Siehe Kap. 3.1.4.

[164] Siehe Kap. 5.1.

[165] Siehe Kap. 5.4.

[166] Siehe Kap. 5.5.

bliziert wurden, während strategisches Vorgehen allgemein als Grundvoraussetzung für Erfolg betrachtet wird. Allerdings könnte der reportingorientierte Ansatz für Social Media Management von Hoffman / Fodor eine Erklärung liefern.[167]

Allerdings muss auch hier erwähnt werden, dass die Studie keine Aussage über die Kausalität der Beziehung zwischen Reporting und Erfolg macht. Der Autor weist ebenfalls darauf hin, dass Reporting und strategisches Vorgehen nicht klar abgetrennt werden können, da das Reporting oft Teil der Strategie ist.[168]

6.3 Facebook bringt den grössten Nutzen, andere Kanäle ergänzen

Besonders die wichtigen Ziele Reach und Engagement werden auf Facebook am besten erreicht.[169] Das hat die Studie sehr deutlich gezeigt. 78 % der Impressionen wurden durch Facebook Posts erzeugt, bei den Reaktionen auf diese Posts waren es sogar 98 %. Kein Wunder, schliesslich sind 96 % der Personen, die sich via Social Media mit den Unternehmen verbinden, Likers auf Facebook. Nur 3 % der User sind Followers auf Twitter.[170]

Twitter konnte die Impressionen auf Facebook also nur ergänzen. Im Bereich Support (Anzahl eingehender Supportanfragen) hat Twitter Facebook jedoch knapp übertroffen. Hier schaffen auch Support Communities viel Nutzen. Besonders gross ist der Anteil von Twitter im Bereich Innovation, auf diesem Kanal kamen eindeutig die meisten innovativen Inputs für die Unternehmen (45 %).[171]

Für Aktivitäten auf Youtube konnten nur wenige Nutzen gemessen werden, allerdings hat das teilweise mit der Methode zu tun. So wurden z.B. die Videos im Support Channel von upc cablecom zwar oft angeschaut, schlägt sich aber in den Kennzahlen im Bereich Support nicht nieder. Es ist auch anzunehmen, dass ein View auf YouTube mehr auslöst als eine Impression auf Facebook. Immerhin muss dazu der User aktiv auf das Video klicken. Würde man diese Klicks als Interaktion werten, könnte YouTube sehr hohe Werte beim Engagement aufweisen.[172]

6.4 Mehr Kanäle – mehr Nutzen

Die Nutzen, die Aktivitäten auf den einzelnen Kanälen genieren, wurden für den Gesamtscore addiert. Deshalb erreichten Unternehmen, die auf mehreren Kanälen aktiv sind, insgesamt auch einen höheren Nutzen. Der Gesamtnutzen von Unternehmen wie z.B. Denner, der nur Facebook pflegt, ist dementsprechend klein.[173]

---

[167] Siehe Kap. 4.6.
[168] Siehe Kap. 3.4.
[169] Siehe Kap. 5.3.2 und 5.3.4.
[170] Siehe Kap. 5.3.1.
[171] Siehe Kap. 5.3.
[172] Siehe Kap. 5.3, 5.1 und 3.1.
[173] Siehe Kap. 5.1.

6.5 Übereinstimmung von Zielen und Nutzen

Erstaunlicherweise hat bei einigen Unternehmen der erlangte Nutzen überhaupt nicht zur Erreichung der definierten Ziele beigetragen.[174] Dies könnte daran liegen, dass die Ziele nicht sorgfältig definiert wurden oder dass die Aktivitäten einen anderen Nutzen als erwartet lieferten. Der Autor vermutet in den meisten Fällen Ersteres, weil die Intention der Aktivitäten eindeutig ist und ebenfalls nicht den formulierten Zielen entspricht.

6.6 Einschränkungen der Methode

Die in dieser Studie verwendete Methode hat alle im Methodenteil beschriebenen Vorteile gehalten. Dennoch weisst der Autor auf folgende Einschränkungen hin:

- Den Nutzen, den Social Media im Bereich Employer Branding generiert, wird nicht ausreichend berücksichtigt.
- Schwachstellen haben sich im Bereich Sales gezeigt. Unternehmen, die keinen Webshop betreiben, können nur sehr begrenzt einen Sales-Nutzen bestimmen.
- Auch der Nutzen in der internen Kommunikation wird nicht explizit berücksichtigt. In Bezug auf diese Studie wurde das in der Zielsetzung bewusst abgegrenzt.
- Social Media bietet unterschiedliche Möglichkeiten zur Medienarbeit. Diese werden mit der verwendeten Methode ebenfalls nicht berücksichtigt.

6.7 Empfehlungen an Social Media-Verantwortliche

Der Autor dieser Studie empfiehlt Social Media-Verantwortlichen und Entscheidungsträgern genau zu überlegen, welche Ziele sie mit Social Media anstreben wollen. In den meisten Fällen macht es Sinn, die Aktivitäten in erster Linie auf ein hohes Engagement auszurichten. Die weiteren Nutzenpotenziale von Social Media in den Bereichen Marketing & Communications, Support & Innovation sowie Organisation sollten individuell unter Berücksichtigung des Geschäftsumfeldes angestrebt und priorisiert werden. Besonders genau sollte abgeklärt werden, welche Rolle Social Media im Support, als Innovationstreiber und in der internen Kommunikation spielen kann. Eine Fokussierung auf Sales ist nicht zu empfehlen.

6.7.1 Ziele definieren, anstreben und vor allem: reporten!

In jedem Falle sollte eine schriftliche Strategie erstellt werden und alle strategischen Prozesse sollten durchgemacht werden. Um den Nutzen im Auge zu behalten und die Aktivitäten zu optimieren, sollte unbedingt ein professionelles und individuelles Reporting aufgebaut werden. Dieses sollte auf die individuellen Ziele ausgerichtet sein, aber trotzdem einen guten Überblick bieten, damit die eigenen Ziele auch kritisch hinterfragt werden können und Potenzial in anderen Bereichen erkannt wird.

6.7.2 Kanäle nach deren Potenzial wählen

In den meisten Fällen macht es Sinn, Facebook als Basiskanal der Social Media-Strategie festzulegen. Für individuelle Ziele sollten dann selektiv weitere Kanäle entsprechend ihren Möglichkeiten hinzu-

[174] Siehe Kap. 5.2.

genommen werden. So bietet z.B. Twitter hervorragendes Potenzial, um den Support zu unterstützen und innovative Ideen der Zielgruppen aufzuspüren. Lassen sich die Inhalte besonders gut in Videoform transportieren und sollten die Ressourcen für die Produktion solcher Videos vorhanden sind, kann durch YouTube auch Engagement und Präsenz erzeugt werden.

Je nach Branche sollten unbedingt branchenspezifische Portale berücksichtigt werden wie z.B. Hotelbewertungsportale im Tourismus. Bei supportintensiven Geschäftsmodellen funktionieren Support Communities sehr gut, sie sparen Ressourcen und erzeugen Engagement.

6.8 Empfehlungen an die Teilnehmer der Studie

6.8.1 Empfehlungen an upc cablecom

Die upc cablecom generiert im Vergleich zu den anderen Grossunternehmen bereits sehr viel Nutzen über Social Media. Dies betrifft alle untersuchten Bereiche: Marketing & Communications, Sales und Support & Innovation. Allerdings sind die Zahlen bei Sales wenig aussagekräftig, weil upc cablecom bei vielen Kennzahlen das einzige Unternehmen war, das Resultate liefern konnte (Webshop). Deshalb konnten diese Zahlen nicht verglichen werden.[175]

Trotz des hohen Niveaus hat upc cablecom noch Kraftreserven bei der Reichweite, bei der Verbreitung von Botschaften (Reach), bei der Stärkung von Kundenbeziehungen (Engagement) und beim Generieren von relevantem Traffic auf die Webseite (Visitors). Die Studie hat gezeigt, dass alle diese Effekte bei den anderen Grossunternehmen fast ausschliesslich durch Facebook erreicht wurden.[176] Deshalb empfiehlt der Autor upc cablecom die aktive Betreuung eines Facebook Accounts. Allfällige Bedenken bezüglich eines Kotrollverlusts oder spontanen Shitstorms sind aufgrund der hohen Werte bei Position (positive und neutrale Meldungen) zu relativieren.[177]

6.8.2 Empfehlungen an Clariant

Sämtliche Meldungen zu Clariant waren positiv oder neutral.[178] Das zeigt, dass Clariant es wagen könnte, etwas mutiger auftreten, ohne viele negative Reaktionen befürchten zu müssen. Gerade weil Clariant ein B2B-Unternehmen ist, sollt es besonders mehr Engagement bei den Zielgruppen anstreben. Dies kann einfach via Facebook gemacht werden.[179] Da die Clariant-Seite bereits 1748 Likers aufweist, ohne dass Clariant etwas dafür tut, ist hier viel ungenutztes Potenzial zu vermuten. Es gilt, diese Likers zu aktivieren und in deren Freundeskreisen Clariant zum Thema zu machen. Diese 1748 Personen scheinen bereits eine relativ starke Bindung zu Clariant zu haben (z.B. Kunden und Mitarbeitende) und würden sich deshalb als Multiplikatoren eignen. Die Empfehlung ist deshalb, einen dialogorientierten Redaktionsplan für Facebook zu erarbeiten.

Mit der Generierung von Engagement auf der Facebook-Seite könnte Clariant also sein Bestreben nach mehr Präsenz und nach Unterstützung des Wachstums am einfachsten erreichen.

---

[175] Siehe Kap. 5.1.1.

[176] Siehe Kap. 5.3.

[177] Siehe Kap. 5.1.1.

[178] Siehe Kap. 5.1.2.

[179] Siehe Kap. 5.3.

Mit Twitter arbeitet Clariant erfolgreich, dies sollte weiterhin so beibehalten werden.[180]

Zudem wäre es ratsam, für den Fall der Fälle ein Workflow für den Umgang mit Issues zu definieren, um von der Früherkennung durch Social Media zu profitieren und damit Krisen entgegenwirken zu können. Zudem empfiehlt der Autor eine bessere Integration von Social Media in das Unternehmen. Ein wichtiger Schritt dazu ist die Öffnung der Zugänge zu Facebook und Co. für die Mitarbeiter. Durch entsprechende Schulungen könnte die Integration verstärkt werden.[181]

Die Studie zeigt einen sehr klaren Zusammenhang zwischen einem professionellen, spezifischen und vollständigen Social Media-Reporting und dem Erfolg der Aktivitäten. Deshalb empfiehlt der Autor Clariant nachdrücklich, ein solches Reporting-System einzuführen.[182]

6.8.3 Empfehlungen an Denner

Denner dominiert die Branche der Schweizer Discounter im Web und die Inhalte zu Denner sind sehr positiv.[183] Denner hat viele Likers auf Facebook. Weil Denner aber zu wenig dialogorientiert kommuniziert, kann er das Reichweitenotenzial nicht nutzen.[184] Deshalb empfiehlt der Autor, die Content-Strategie zu überarbeiten. Statt Facebook nur als weiteren Kanal für die Verbreitung von Werbebotschaften zu betrachten, sollte Denner einen individuellen Content-Plan erstellen, der auf gegenseitige Interaktion, also Engagement, ausgerichtet ist (z.B. Fragen stellen oder Inputs einholen). Grosse Möglichkeiten sieht der Autor für Facebook-Kampagnen. Z.B. könnte Denner seine Likers aus einer Auswahl an Produkten bestimmen lassen, welches Produkt in die Wochenaktionen aufgenommen wird.

Wenn Denner sein Weinangebot verstärkt einbringen will, empfiehlt der Autor dazu eine zusätzliche Facebook-Seite, da die Likers der Denner-Seite relativ jung sind. Bei der Promotion von Weinen müssen allerdings die Alkoholbestimmungen berücksichtigt werden.

Auf Twitter könnte Denner die Reichweite seiner Inhalte weiter ausweiten. Der Autor empfiehlt jedoch zuerst das Engagement der Faceook-Likers zu erhöhen.

In den Rubriken strategisches Vorgehen und der Vollständigkeit des Reportings bildet Denner das Schlusslicht. Der Autor empfiehlt Denner nachdrücklich, die strategiebildenden Prozesse nachzuholen und besonders ein Social Media-spezifisches Reporting einzuführen.[185]

6.8.4 Empfehlungen am Hapimag

Obwohl das Engagement bei Hapimag relativ hoch ist, bleibt der Reach im Verhältnis zu Mammut bescheiden.[186] Um das zu ändern, sollte Hapimag die Attraktivität der Inhalte auf Facebook erhöhen, weil dieser Kanal am meisten Potenzial für die Erhöhung der Reichweite bietet.[187] Auch eine vermehrte Durchführung von Facebook-Kampagnen könnte die Reichweite verbessern. Durch eine ver-

[180] Siehe Kap. 5.1.2

[181] Siehe Kap. 5.4.2

[182] Siehe Kap. 5.5.2.

[183] Siehe Kap. 5.1.3.

[184] Siehe Kap. 5.3.

[185] Siehe Kap. 5.4.3 und 5.5.3.

[186] Siehe Kap. 5.1.4 und 5.1.5.

[187] Siehe Kap. 5.3.

stärkte Verlinkung mit der Webseite könnte im Sales-Bereich die Generierung von Traffic verbessert werden. Zusätzlich könnte Hapimag mit einem Twitter-Account die Reichweitenerhöhung unterstützen und gleichzeitig die Präsenz gegenüber den Mitbewerbern verbessern.

Hapimag strebt die meisten unterschiedlichen Ziele an.[188] Der Autor empfiehlt Hapimag, diese Ziele zu priorisieren und sich auf die wichtigsten zu konzentrieren.[189]

6.8.5 Empfehlungen an Mammut

Bezüglich der Reichweite ist Mammut Vorreiter in dieser Studie. Auch das Engagement ist bei Mammut am höchsten. [190] Besonders gut gefällt dem Autor die Tonalität, in der Mammut die Dialoge mit seinen Kunden führt. Trotz der Rekordwerte bei Reach und Engagement zeigt der Vergleich mit den Branchenmitbewerbern von Mammut, dass das Potenzial noch lange nicht ausgeschöpft ist.[191]

Eine Möglichkeit für eine weitere Ausbreitung auf Facebook wäre es, sprachspezifische Inhalte anzubieten. Z.B. könnte Mammut mit deutschen Posts eine grössere Zielgruppe im deutschsprachigen Markt ansprechen, zu dem ein grosser Teil der Kunden von Mammut gehört.

Zudem könnten die Mitarbeitenden gewinnbringend als Multiplikatoren eingesetzt werden, wenn Mammut ihnen Zugang zu Facebook am Arbeitsplatz erlauben würde.[192] Dies wäre aus Sicht des Autors sehr sinnvoll, zumal viele Mitarbeitende von Mammut selbst begeisterte Bergsportler sind und deshalb interessante Beiträge liefern können.

6.8.6 Empfehlungen an Toyota

Um die selbst gesetzten Ziele zu erreichen, braucht Toyota Schweiz eine grössere Reichweite.[193] Die Empfehlung dazu lautet, die Community auf Facebook aktiv zu vergrössern.[194] Dazu regt der Autor eine Überarbeitung des Redaktionsplans an, um die Attraktivität und die Dialogorientierung des Contents zu erhöhen. Die Attraktivität kann z.B. gesteigert werden, indem Toyota zielgruppenrelevante Themen anspricht, z.B. könnte Toyota das Thema Benzinverbrauch stärker in den Mittelpunkt rücken und einen Dialog darüber starten. Um eine umfangreichere Interaktivität zu schaffen, sollten mehr Fragen gestellt und mehr attraktive Bilder gepostet werden, die gerne geliked werden.

Da diese Studie klar zeigt, dass Unternehmen, die ein professionelles und vollständiges Reporting erstellen, deutlich mehr Nutzen generieren, empfiehlt der Autor Toyota Schweiz stark, ein entsprechendes Reporting aufzubauen.[195]

---

[188] Siehe Kap. 5.2.4.
[189] Siehe Kap. 4.6.
[190] Siehe Kap. 5.1.5.
[191] Siehe Kap. 5.1.5.
[192] Siehe Kap. 5.4.5.
[193] Siehe Kap. 5.2.6.
[194] Siehe Kap. 5.3.
[195] Siehe Kap. 5.5 und 5.5.6.

6.9 Weiterführende Forschung

Grundsätzlich wäre es sinnvoll, die wichtigsten Erkenntnisse dieser Studie durch Folgestudien mit grösseren Teilnehmerzahlen nachzuprüfen. Der Autor würde dies besonders bei den folgenden Themen empfehlen:

- Zusammenhang zwischen strategischem Vorgehen und Nutzen[196]
- Zusammenhang zwischen der Vollständigkeit des Reportings und dem Nutzen[197]
- Nutzenpotenzial der einzelnen Kanäle im Vergleich[198]
- Nutzen von Social Media in den einzelnen Zielbereichen[199]

Die vorliegende Studie konnte kaum Nutzen im Bereich Sales messen.[200] Dieses Thema könnte vertieft untersucht werden, um diese Situation zu verbessern. Interessant wäre es besonders dann, wenn auch indirekte Nutzen für den Verkauf berücksichtigt werden können und die Untersuchungen nicht von einem Webshop abhängig sind.[201] Das wäre ein weiterer Schritt in Richtung ROI. In diesem Bereich besteht noch grosser Forschungsbedarf. Dazu sollten nicht nur Sales-Ziele berücksichtigt werden, sondern auch Einsparungen, die mit Social Media gemacht werden können.

In dieser Studie nicht berücksichtigt war der Einfluss der Bekanntheit und des Images eines Brands.[202] Cases wie Redbull und Starbucks lassen vermuten, dass sich mit einem starken Brand viel mehr Nutzen durch Social Media erreichen lässt. Dieser Zusammenhang wäre nach Ansicht des Autors spannend.

Die Studie ist auch nicht auf das Thema Employer Branding eingegangen.[203] Es könnte eine Erweiterung der Social Media Scorecard entwickelt werden, die den Nutzen von Employer Branding-Aktivitäten auf Social Media misst.

Zudem wäre ein Vergleich der Nutzen von Social Media-Aktivitäten mit klassischen Marketing- und Communications-Aktivitäten. Anhand einer Aufwand/Nutzen-Analyse könnte die These überprüft werden, dass Social Media die gleichen Marketing- und Communications-Ziele effizienter erreicht.

---

[196] Siehe Kap. 5.4.
[197] Siehe Kap. 5.5.
[198] Siehe Kap. 5.3.
[199] Siehe Kap. 5.1.
[200] Siehe Kap. 5.1.
[201] Siehe Kap. 3.1.4.
[202] Siehe Kap. 3.1.
[203] Siehe Kap. 3.1.

Anhang

a) Quellen

Altimeter Group / Wetpaint (2009), ENGAGEMENTdb Report 2009, in: http://www.slideshare.net/charleneli/engagmentdb-report-july-2009, 25.02.2012.

Bartholomew Don (2009), Public Relations Measurement 2010: Five Things to Forget & Five Things to Learn, in: http://metricsman.wordpress.com/2009/07/29/public-relations-measurement-2010-five-things-to-forget-five-things-to-learn, 23.02.2012.

Bernet_PR / Kunert (2011), Social Media Studie Schweiz, in: http://www.scribd.com/doc/50559082/Social-Media-Studie-Schweiz-BernetPR-Kunert?secret_password=dtu22rrfemfh40chmot, 17.04.2012.

Blanchard Oliver (2012), Social Media ROI, München.

Broom David / McCann Margaret / Bromby Michael / Barlow Alexis (2011), Return on Investment: What Literature Exists on the Use of Social Media and ROI?, in: http://ssrn.com/abstract=1926900, 16.04.2012.

Fischer Tia (2009), ROI in social media: A look at the arguments, in: Journal of Database Marketing & Customer Strategy Management 3 (16), S. 189-195.

Hilker Claudia (2010), Social Media für Unternehmer - Wie man Xing, Twitter, Youtube und Co. erfolgreich im Business einsetzt, Wien.

Hoffman Donna / Novak Thomas (2010), Roles and Goals: Consumer Motivations to Use the Social Web, Köln.

Hoffman Donna / Fodor Marek (2010), Can You Measure the ROI of Your Social Media Marketing?, in: MITSloan Management Review 1 (52), S. 41-49.

Kunert Barbara / Hutter Thomas / HWZ (2012), Folgestudie Schweizer Grossunternehmen im Social Web 2012, in: http://www.scribd.com/doc/81060207/Folgestudie-Schweizer-Grossunternehmen-Im-Social-Web-2012-Kunert-Hutter-Consult-HWZ, 19.04.2012.

LaPoint Pat (2009), Marketing Measurement Today, in: http://marketingmeasurementtoday.blogspot.com/2009/07/twittering-away-time-and-money.html, 25. 02 2012.

Mangiuc Dragos Marian (2009), Measuring Web 2.0 Efficiency, in: Series Oeconomica 11 (1), S. 74-87.

Murdough Chris (2009), Social Media Measurement: It's Not Impossible, in: Journal of Interactive Advertising 10 (1), S. 94-99.

Nair Mohan (2011), Understanding and Measuring the Value of Social Media, in: Journal of Corporate Accounting & Finance 22 (3), S. 45-51.

Owyang Jeremiah / Lovett John (2012), Altimeter Report: Social Marketing Analytics, in: http://www.slideshare.net/jeremiah_owyang/altimeter-report-social-marketing-analytics?from=embed, 29.02.2012.

Paine Katie Delahaye (2010), Social Media Measurement Checklist, in: http://kdpaine.blogs.com/files/social-media-measurement-checklist.pdf, 25. 02 2012.

Paine Katie Delahaye (2009), What's Important about Social Media Is What Happens because of It, in: http://kdpaine.blogs.com/themeasurementstandard/2009/08/whats-important-about-social-media-is-what-happens-because-of-it.html, 25.02.2012.

Schwede Mike (2012), Social Media Analytics: 3. Scorecard, in: http://mike.schwede.ch/2012/01/26/social-media-analytics-3-scorecard, 20. 04 2012.

Schweizerische Eidgenossenschaft, Bundesamt für Statistik (2010), Definitionen, in: http://www.bfs.admin.ch/bfs/portal/de/index/themen/16/11/def.html, 20. 04 2012.

Solis Brian (2011), Engage!: the complete guide for brands and businesses fo built, cultivate, and measure success in teh new web, New Jersey.

Zeng Daniel (2010), Social Media Analytics and Intelligence, in: IEEE Intelligent Systems 25 (6), S. 13-16.

b) Übrige Verzeichnisse

Abbildungsverzeichnis

Tabellenverzeichnis

Florian Schwarz

Unternehmenskommunikation im Social Web erfolgreich gestalten

Wie Social Media Marketing erfolgreich als Kommunikationsinstrument eingesetzt werden kann

Diplomica 2013 / 84 Seiten / 39,99 Euro

ISBN 978-3-8428-9524-9
EAN 9783842895249

Das vorliegende Buch zeigt, wie Unternehmen erfolgreich in das Social Media Marketing einsteigen können und welche Anwendungsmöglichkeiten sich daraus ergeben. Dafür werden zunächst alle für dieses Buch relevanten Begriffe definiert und ein Überblick über die aktuellen Entwicklungen und das Nutzerverhalten auf Social Media Plattformen gegeben. Darüber hinaus wird erläutert, wie sich Unternehmen Ziele für ihr Social Media Marketing ableiten können. Anschließend folgt eine Untersuchung der einzelnen Social Media Instrumente. Dabei wird im Besonderen auf die markenbezogene Nutzung der Instrumente sowie die relevanten Erfolgsdeterminanten eingegangen. Alle im Buch angesprochenen Aspekte werden mit anschaulichen Praxisbeispielen hinterlegt. Abschließend erfolgt eine kritische Betrachtung von unternehmerischen Gefahren die durch die Anwendung des Social Media Marketing auftreten können.

Robert Waxenegger

Social Media in projektorientierten Unternehmen

Eine Analyse der Einsatzmöglichkeiten von Social Media Anwendungen in Beratungsunternehmen

Diplomica 2013 / 144 Seiten / 44,99 Euro

ISBN 978-3-8428-9582-9
EAN 9783842895829

Das vorliegende Buch erläutert Social Media und deren Anwendungsmöglichkeiten anhand der Beratungsbranche. Es soll festgestellt werden, in wieweit die momentane Implementierung von Social Media Anwendungen in projektorientierten Unternehmen und insbesondere in Beratungsunternehmen vorangeschritten ist. Diese Thematik ist aber noch relativ neu und oftmals befinden sich Unternehmen noch in der Anfangsphase. Daher ist die Herausforderung der Studie, den aktuellen Status der tatsächlichen, beziehungsweise möglichen Anwendung von Social Media aufzuzeigen und deren Potential zu erläutern. Es werden Einsatzmöglichkeiten und die damit verbundenen Schwierigkeiten beschrieben. Am Ende soll sich erweisen, wie sehr Social Media zum Unternehmenserfolg von Beratungsunternehmen mitwirkt und wie sehr eine differenzierte Social Media Strategie für eine effektive Kommunikation notwendig ist. Es werden die drei großen Themenpunkte projektorientiertes Unternehmen, Beratungsunternehmen und Social Media miteinander verknüpft, um zukunftsorientierte Erkenntnisse zu erlangen.

Kawrit Chanana

Mit Social Media zum Erfolg

Controlling von Social Media Aktivitäten

Diplomica 2013 / 108 Seiten / 44,99 Euro

ISBN 978-3-8428-9812-7
EAN 9783842898127

Ob Facebook, Twitter, Xing - für Unternehmen, vor allem in B2C Bereich, ist ein Engagement auf Social Media Präsenzen von enorm wichtiger Bedeutung. Sinnvoll implementiert, können Social Media Aktivitäten einen wertvollen Beitrag für die Unternehmenskommunikation und somit für die Unternehmensziele leisten. Doch können die diversen Social Media Aktivitäten gewinnorientiert gesteuert werden? Welche Ziele müssen bei der Nutzung gesetzt werden und wie werden diese überwacht? Welche Kennzahlen helfen bei der Steuerung. Die vorliegende Studie will diese Frage hinreichend beantworten. Nach einem groben Überblick der Begriffe im traditionellen Marketing werden wesentliche Merkmale im Social Media Marketing erörtert. Im Anschluss werden Kennzahlen definiert mit deren Hilfe ein Steuerungssystem entwickelt und anhand von Beispielen validiert wird.